黄果五味子

五味子品种：红珍珠

五味子品种：嫣红

五味子优系：早红

五味子雌花

五味子雄花

昆虫访花（雌花）

昆虫访花（雄花）

白粉病果实受害状

黑斑病

茎基腐病树体受害状

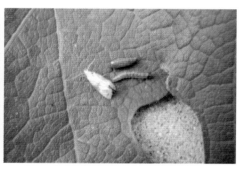

女贞细卷蛾世代交叠

五味子霜害受害状

女贞细卷蛾危害状

五味子实生树地下横走茎

下胚轴嫁接不产生地下横走茎

五味子单篱架栽培园

五味子棚篱架结果状

五味子棚篱架栽培园

一年生树布满架面

五味子压条繁殖

硬枝嫁接苗木成活状

最受欢迎的种植业精品图书

ZUI SHOU HUANYING DE ZHONGZHIYE JINGPIN TUSHU

五味子
栽培与贮藏加工技术

WUWEIZI ZAIPEI YU ZHUCANG
JIAGONG JISHU

第2版

艾 军 主编

中国农业出版社

第2版编写人员

主　　编：艾　军

副主编：王英平

编写人员：艾　军　　张宝香

　　　　　王振兴　　赵　滢

　　　　　秦红艳　　杨义明

　　　　　许培磊　　范书田

　　　　　刘迎雪　　李晓艳

第1版编写人员

主　　编	艾　军
副 主 编	王英平
编写人员	艾　军　张宝香
	郭　靖　赵淑兰
	王春雨

前 言

　　五味子是主产于我国东北的大宗道地中药材，近年来，随着市场对五味子需求的增加和野生资源的不断减少，五味子的大面积人工栽培发展迅速。基于广大生产者对五味子栽培及贮藏加工技术的迫切需求，结合自己的研究和生产实践，我们总结了近年来相关领域的技术成果，对《五味子栽培与贮藏加工技术》一书进行了修订，希望对生产者的生产及经营有所帮助。

　　由于五味子人工栽培的历史较短，其人工栽培的研究与实践，本身就是一个不断探索、不断完善的发展过程，五味子栽培领域还有许多课题需要研究和解决。

　　应中国农业出版社之约修订此书，因时间仓促，书中不当之处难免，敬请同行专家和广大读者批评指正。

编　者

2014 年 2 月

目 录

1

概　　述

五味子〔*Schisandra chinensis*（Turcz）Baill〕别名山花椒、乌梅子，为木兰科五味子属落叶木质藤本植物，主要分布于中国的东北地区、朝鲜半岛以及俄罗斯的远东地区，此外，日本和我国的华北、华东各省亦有分布。主产于我国东北和河北部分地区的五味子果实干品，商品习称"北五味子"，是我国的道地名贵中药材，对人体具有益气、滋肾、敛肺、固精、益脾、生津、安神等多种功效，主治肺虚咳嗽、津伤口渴、自汗盗汗、神经衰弱、久泻久痢、心悸失眠、多梦、遗精遗尿等症。五味子除药用外还可用于生产果酒、果酱、果汁饮料和保健品等，在国内外市场均深受消费者的青睐。

一、五味子的经济价值

1. 五味子的营养成分　　五味子含有多种营养成分，具有丰富的营养价值和特有的医疗保健作用。据测定，在每 100g 鲜果中，含有蛋白质 1.6g、脂肪 1.9g、可溶性固形物 8～14g、有机酸 6～10g、维生素 C21.6mg、胡萝卜素 32μg。五味子果实中含有 17 种氨基酸（每升果汁含 971mg），其中人体必需的 7 种氨基酸占 17.7%；无机元素按含量由多至少依次为钾、钙、镁、铁、锰、锌、铜。每百克五味子鲜果汁中含有 1.1g 的抗衰老物质，25～60g 鲜果肉就可以解除一个成年劳动者一天的疲劳。据分析，五味子种子中抗衰老物质含量更高，0.5～1.1g 种子的粉末就相当于 25～50g 鲜果肉抗衰老物质的含量。

2. 五味子的营养价值和医疗保健作用　　五味子为中药中的上

1

品，又为第三代新兴果品。它含有丰富的营养成分和药理活性成分。传统医学对五味子的功效有详细记载。《神农本草经》中记载："五味子益气，主治咳逆上气、劳伤羸瘦，补不足，强阴，益男子精。"《药性本草》中记载"五味子能治中下气，止呕逆，补虚痨，令人体悦泽。"以后在《名医别录》、《本草纲目》中也有相同记载。从20世纪50年代开始，中国、俄罗斯等国学者运用现代科学方法做了大量研究，证明五味子可以降低肝炎患者血清中谷丙转氨酶；治疗肝脏的化学毒物损伤；能调节胃液的分泌，促进胆汁分泌；提高人们的视力和听力；与人参具有相似的"适应原"样作用，能增强机体对非特异性刺激的防御能力，提高机体的工作效能；使低血压患者血压升高，但不会使正常人血压升高；影响大脑皮层的兴奋和抑制，改善人的智能，增加记忆力；增强肾上腺皮质功能，促进心脏的活动等。更重要的是五味子中的木脂素成分有抗癌、抗艾滋病和PA拮抗等多种生物活性功能。日本学者从五味子果实中分离出戈米辛A和脱氧五味子素，用在小鼠和家兔上进行实验，结果对动物的免疫性肾炎呈现抑制作用，增强动物机体对非特异性刺激的防御能力。

二、五味子的研究及栽培现状

从20世纪70年代开始，一些科研单位和个人相继开展了五味子野生变家植的研究和尝试，经过近40年的探索和研究，已经较系统地掌握了五味子的栽培特性，使五味子的大面积人工栽培成为可能。五味子由野生变为人工栽培的研究与实践，是一个不断探索、不断完善的发展过程。人们从种子的采收及层积处理等播种繁殖技术的探索与研究开始，逐渐深入到适宜栽培模式的确立、病虫害发生规律及防治方法、无性繁殖技术、新品种选育及配套栽培技术研究等更深层面的研究与实践，并取得一系列的成功经验和研究成果，使五味子的栽培技术日臻完善，栽培规模不断扩大，栽培效益不断提高。据估算，目前我国的五味子栽培面积15 000hm² 左右，年产五味子鲜果 4 万 t。

目前，五味子的人工栽培主要采用实生苗栽培，并已形成多种实生苗建园的栽培模式。按照国家中药材规范化种植 GAP 标准，不同地区根据实际生产状况，制定和发布了多个五味子生产技术标准操作规程（SOP），这些规程的制定，从栽培技术和产品质量等多个层面规范了五味子的栽培行为，为五味子栽培的高产和优质提供了有力保证。据报道，一些五味子栽培园每 667m² 产量已达到 200～250kg（干品），最高可达 450kg。但是，由于各操作规程都存在一定的不完善性，以及栽培者所具备的管理技术水平的不平衡性，栽培的丰产性和稳产性等也存在较大差异。从五味子栽培的总体状况来看，其稳产性仍然是困扰其栽培产业发展的一大技术难题，如果实负载量过大，五味子的花芽分化质量和树势则表现不佳，雌花分化比例低、树体衰弱，隔年结果甚至死树现象都很严重。

另外，由于五味子的种子多来源于野生或人工栽培的混杂群体，实生后代的变异非常广泛，不同植株间在品质、抗性、丰产稳产性及生物学特性等方面均存在较大差异，不利于规范化栽培和品质的提高，增产潜力亦有限。人们早已意识到品种化在五味子栽培产业中的重要意义，先后选育出红珍珠、嫣红等多个五味子品种（品系），并在组织培养、扦插繁殖、嫁接繁殖等无性繁殖方法的研究方面进行了不懈的努力，也取得了一定成果。由于五味子种内的变异，在人工栽培和野生的五味子群体内蕴藏着丰富的优良种质资源。经资源调查，已发现丰产稳产、抗病、大粒、大穗、黄果、紫黑果等多种优良的五味子种质资源。利用已取得的五味子无性繁殖技术成果，结合田间调查和野生选种，高效繁殖五味子的优良类型，使之尽快应用于生产，是促进五味子栽培产业跨越式发展的必由之路。

病虫害防治是五味子人工栽培的又一重要技术环节，在为害五味子的各种病虫害中，主要的是柳扁蛾等蛀干类害虫和女贞细卷蛾等蛀果类害虫及茎基腐病、黑斑病等真菌类病害。蛀果类害虫发生严重的年份，部分果园虫果率达到 30％ 以上，可造成严重减产，药材质量下降。茎基腐病是一种致命性病害，初步研究认为是由镰刀菌造成的土传病害，在发生严重的栽培园，可导致 10％ 以上的植株死亡。黑斑病是五味子的主要叶片病害，使树体的光合作用受到抑制，常造成早期落叶，影响树体的营养积累，致使花芽分化不良、树势衰弱，影响树体正常越冬。此外，晚霜危害和农药漂移危害等常造成五味子栽培园大面积受害甚至绝产，在栽培过程中必须加以重视。

第二章

五味子的种质资源和品种

一、种质资源概述

五味子为多年生木质藤本野生果树，在庞大的人工栽培和野生群体中存在着性状各异的类型，比如果粒有圆形、豌豆形和肾形；果色的变异更为明显，除存在粉红色、红色、紫红色、紫黑色等类型外，还有黄色（包括橙黄色、黄色、黄白色）类型，较《中国植物志》对该种果实颜色的描述更为复杂；果粒平均重小的0.26g，大的可达1.3g；植株有抗病类型也有感病类型等。五味子雌雄同株单性花，雌、雄花比例的变化取决于植株的营养、发育状况。单株间果穗、果粒大小以及各节位新梢着花数量等育种性状具有相对稳定性，单株果穗长5～15cm，果实含糖2%～12%、总酸4%～10%。这些特点为今后五味子育种目标的确定提供了可靠的理论依据，进行五味子实生选种是有效的育种途径之一。

二、主要优良品种

品种（品系）是农业生产上的重要生产资料，实现农业生产的优质、高产、高效，选用优良品种及配套栽培技术是前提。因此，若想搞好五味子规范化栽培，首先应把好品种关。五味子的主要品种（品系）如下：

（一）红珍珠

由中国农业科学院特产研究所选育而成，是我国第一个五味子新品种，1999年通过吉林省农作物品种审定委员会审定。

红珍珠雌雄同株，树势强健，抗寒性强，萌芽率为88.7%。每个果枝上着生5～6朵花，以中、长枝结果为主，平均穗重12.5g，平均穗长8.2cm。果粒近圆形，平均粒重0.6g。成熟果深红色，有柠檬香气。果实含总糖2.74%、总酸5.87%，每100g果实含维生素C 18.4mg，出汁率54.5%，适于药用或作酿酒、制果汁的原料。在一般管理条件下，苗木定植第三年开花结果，第五年进入盛果期，三年生树平均株产浆果0.5kg，四年生树1.3kg，五年生树2.2kg。适于在无霜期120d、≥10℃年活动积温2 300℃以上、年降水量600～700mm的地区大面积栽培。

（二）嫣红

由中国农业科学院特产研究所选育而成，2012年通过吉林省农作物品种审定委员会审定。

雌雄同株，当年生枝条褐色，多年生枝条灰褐色。叶片卵圆形，叶色深绿。果穗较紧密，穗长5.4～8.2cm，平均穗重18.07g，最大穗重23.1g，穗柄长3.0～5.1cm。果粒豌豆形，平均粒重0.59g，红色。种子黄褐色，千粒重29.37g。嫣红果实可溶性固形物13.5%，还原糖含量5.63%，总酸含量6.42%，五味子醇甲0.72%，五味子醇乙0.21%，五味子乙素0.16%，出汁率58.4%。开花期为5月下旬至6月上旬，成熟期在9月上旬。嫁接苗定植后2年开始结果，盛果期平均产量可达12 000kg/hm²。

该品种的优点是丰产性好，品质优，抗病性强。

（三）早红（优系）

枝蔓较坚硬，枝条开张，表皮暗褐色。叶轮生，卵圆形（9.5cm×5.5cm），叶基楔形，叶尖急尖，叶色浓绿，叶柄平均长2.8cm，红色。花朵内轮花被片粉红色。果穗平均重23.2g、长8.5cm，果柄平均长3.6cm。果粒球形，平均重0.97g，鲜红色。含可溶性固形物12.0%、总酸4.85%。开花期为5月下旬至

6

6 月上旬，成熟期在 8 月中旬。二年生树开始结果，在栽植密度（50～75）cm×200cm 的情况下，五年生树株产可达 2.3～3kg。

该品系的优点是枝条硬度大、开张、叶色浓绿，有利于通风透光，光合效率高，抗病性强，果实早熟，树体营养积累充分，丰产稳产性好。

（四）巨红（优系）

枝蔓较柔软，枝条下垂，表皮黄褐色。叶轮生，卵圆形（10.2cm×6.5cm），叶基楔形，叶尖极尖，叶片绿色，叶柄平均长 3.2cm，红色。平均穗重 30.4g。浆果肾形，红色，直径达 1.2cm，果粒平均重 1.2g。可溶性固形物 10.5%、总酸 5.7%，开花期 5 月中下旬，果实成熟期 9 月上旬。二年生树开始结果，在栽植密度（50～75）cm×200cm 的情况下，五年生树株产可达 2.0～3.1kg。

该品系的优点是果穗及果粒大，树势强，丰产稳产性好。

（五）黄果五味子（优系）

枝蔓较坚硬，枝条开张，表皮暗褐色。叶卵圆形（9.2cm×5.4cm），叶基楔形，叶尖极尖，叶片绿色，叶柄平均长 2.2cm，红色。内轮花被片白色。平均穗重 21.1g。果实黄色，略带红晕，浆果球形，直径 0.94cm，果粒平均重 0.78g。可溶性固形物 9.9%、总酸 5.6%，开花期 5 月下旬至 6 月上旬，果实成熟期 9 月上旬。二年生树开始结果，在栽植密度（50～75）cm×200cm 的情况下，五年生树株产可达 2.5～3.8kg。

该品系是五味子中极为珍稀的黄果类型，其树势强健，抗病性强，丰产稳产。

第三章

五味子的生物学特性

一、植物学特征

(一) 根系

1. 根系的种类

(1) 实生根系　实生根系由种子的胚根发育而成。种子萌发时，胚根迅速生长并深入土层中而成为主轴根。数天后在根颈附近形成一级侧根，最后形成密集的侧根群和强大的根系。五味子实生苗的根系与其他植物一样由主根和侧根组成，由于侧根非常发达，所以主根不很明显。

(2) 茎源根系　茎源根系是指五味子通过扦插、压条繁殖所获得的苗木的根系，以及地下横走茎上发出的根系。因为这类根系是由茎上产生的不定根形成的，所以也称不定根系或营养苗根系。茎源根系由根干和各级侧根、幼根组成，没有主根。

2. 根系形态　根系具有固定植株、吸收水分与矿物营养、贮藏营养物质和合成多种氨基酸、激素的功能。五味子的根系为棕褐色，富于肉质，其皮层的薄壁细胞及韧皮部较发达。成龄五味子实生植株无明显主根，每株有4~7条骨干根，粗度3mm以上的根不着生须根（次生根或生长根），可着生2mm以下的疏导根，粗度2mm以下的疏导根上着生须根（图3-1）。

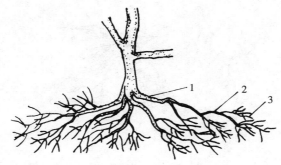

图 3-1　五味子根系结构
1. 骨干根　2. 输导根　3. 须根

3. 根系分布　五味子的根系在土壤中的分布状况因气候、土壤、地下水位、栽培管理方法和树龄等的不同而发生变化。根系垂直分布于地表以下 5～70cm 深的土层内，集中在 5～40cm 深的范围内；水平分布在距根颈 100cm 的范围内，集中在距根颈 50cm 的范围内。在人工栽培条件下，根系垂直分布和水平分布与园地耕作层土壤的深浅和质地及施肥措施等有密切关系。五味子的根系具有较强的趋肥性，在施肥集中的部位常集中分布着大量根系，形成团块结构。级次较低的根系可分布到较深、较远的位置，增加施肥深度和广度可有效诱导根系向周围扩展，促进营养吸收，增强植株抗旱力。

五味子地下横走茎的不定根分布较浅，主要集中在地表以下 5～15cm 的范围内，当施肥较浅时，易造成营养竞争。

（二）茎

五味子为木质藤本植物，其茎细长、柔软，需依附其他物体缠绕向上生长。地上部分的茎从形态上可分为主干、主蔓、侧蔓、结果母枝和新梢，新梢又可分为结果枝和营养枝（图 3-2）。

图 3-2　五味子茎形态
1. 主蔓　2. 侧蔓　3. 结果枝　4. 结果母枝　5. 营养枝

从地面发出的树干称为主干，主蔓是主干的分枝，侧蔓是主蔓的分枝。结果母枝着生于主蔓或侧蔓上，为上一年成熟的一年生枝。从结果母枝上的芽眼所抽生的新梢，带有果穗的称为结果枝，不带果穗的称为营养枝。从植株基部或地下横走茎萌发的枝条称为萌蘖枝。

五味子的茎较细弱，当新梢较短时常直立生长不缠绕，但当长至 40～50cm 时，要依附其他树木或支架按顺时针方向缠绕向上生长，否则先端生长势变弱，生长点脱落，停止生长。新梢生长到秋季落叶后至次年萌芽之前称为一年生枝，根据一年生枝的长度可将其分为叶丛枝（5cm 以下）、短枝（5.1～10cm）、中枝（10.1～25cm）、长枝（25.1cm 以上）。

五味子的地下横走茎成熟时为棕褐色，前端幼嫩部位白色，生长点部位呈钩状弯曲，以利于排开土壤阻力向前伸展。茎上着生不定根，并可见已退化的叶，叶腋处着生腋芽。横走茎先端的芽较易萌发，萌发的芽中，前部多形成水平生长的横走茎，向四周延伸，后部的芽抽生萌蘖枝。萌蘖枝当年生长高度可达2～4m。在自然条件下，地下横走茎在地表以下 5～15cm 深的土层内水平生长，是进行无性繁殖的主要器官。在人工栽培条件下，横走茎既有有用的一面，也有不利的一面。一方面可以利用其抽生萌蘖枝的特性，选留预备枝,对衰弱的主蔓进行更新,或对架面的秃裸部位进行引缚补空,增加结果面积;另一方面,又必须把不需要的萌蘖枝及时铲除掉,以免与母体争夺养分。

(三)叶片

五味子叶片是进行光合作用制造营养的主要器官。叶片膜质,椭圆形、卵形、宽卵圆形或近圆形,长3～14cm,宽2～9cm,先端急尖,基部楔形,上部边缘具有疏浅锯齿,近基部全缘;侧脉每边3～7条,网脉纤细不明显。

(四)芽

五味子的芽为窄圆锥形,外部由数枚鳞片包被。五味子新梢的叶腋内多着生3个芽,中间为发育较好的主芽,两侧是较瘦弱的副芽。休眠期的主芽大小为(0.4～0.9)cm×(0.3～0.35)cm,副芽为(0.2～0.4)cm×(0.1～0.2)cm(图3-3)。

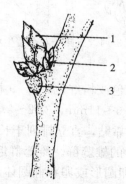

图3-3 五味子芽的形态
1. 主芽　2. 副芽　3. 叶痕

春季主芽萌发,营养条件好的枝条副芽亦可同时萌发。五味子的芽可分为叶芽和混合花芽。通常情况下叶芽发育较花芽瘦小,不饱满,而花芽较为圆钝饱满。五味子的混合花芽休眠期前即已完成花芽性别的形态分化,在由叶片特化的鳞片下分别包被数朵小花蕾。

地下横走茎的芽较小，无明显特化的鳞片包被，幼嫩时为白色，成熟时为黄褐色，既可形成新的地下横走茎继续向前生长，也可形成萌蘖枝，开花结果，完成有性生殖过程。

（五）花

五味子的花为单性，雌雄同株，通常 4～7 朵轮生于新梢基部，雌、雄花的比例因花芽的分化质量而有所不同，花朵着生状如图 3-4 所示。

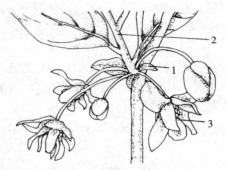

图 3-4　五味子花朵着生状
1. 鳞片　2. 新梢　3. 花

五味子的花被片白色或粉红色，6～9 枚轮生，长圆形，边缘平滑或具波状褶皱，长 6～11mm，宽 2～5.5mm。雄蕊长约 2mm，花药仅 5 或 6 枚，互相靠贴，直立排列于长约 0.5mm 的柱状花托顶端，形成近倒卵圆形的雄蕊群。雌蕊群近卵圆形，长 2～4mm，心皮 14～50 个，子房卵圆形或卵状椭圆体形，柱头鸡冠状，下端下延成 1～3mm 的附属体。

（六）果实

五味子的穗梗由花托伸长生长而形成，小浆果螺旋状着生在穗梗上。不同植株间穗长、穗重差异较大，穗长 5～15cm，穗重 5～30g。浆果近球形或倒卵圆形，成熟时粉红色至深红色（也有发现黄白色、紫黑色浆果的报道），横径 6～1.2mm，重 0.26～1.35g，果皮具有不明显的腺点。

五味子的果穗及果粒重在种内都存在较大变异，以穗重、粒重为主要育种目标进行实生选种具有丰富的资源基础。

（七）种子

五味子的种子肾形，长 4～5mm，宽 2.5～3mm，淡褐色或黄褐色，种皮光滑，种脐明显凹呈 V 形。种子千粒重为 17～25g。其种仁呈钩形，淡黄色，富含油脂；胚较小，位于种子腹面尖的一端（图 3-5）。

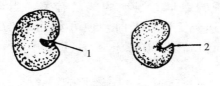

图 3-5　五味子种子及种仁形态
a. 种子　b. 种仁
1. 种脐　2. 种胚

五味子的种子为深休眠型，并易丧失发芽能力，其休眠的主要原因是胚未分化完全，形态发育不成熟。在 5～15℃条件下贮藏，种子可顺利完成胚的分化。胚分化完成后在 5～25℃条件下可促进种子萌发。未经催芽的种子只含有 2 个叶原基呈椭圆形分化不全的胚体。催芽后，胚细胞团逐渐发生形态和生理上的变化，最初胚体呈淡黄色，继续分化，下胚轴伸长，胚根明显，然后子叶原基加厚、加宽，这时种子外部形态为露白阶段，至胚根伸出种皮时，子叶已分化成形，叶脉清晰，胚乳体积缩小，只占种子体积的 2/3。

二、生长结果习性

（一）物候期

五味子与其他多年生果树一样，每年都有与外界环境条件相适应的形态和生理变化，并呈现一定的生长发育规律性，这就是年发育周期，这种与季节性气候变化相适应的器官动态时期称为生物气候学时期，简称物候期。

在年周期内可分为 2 个重要时期，即生长期和休眠期。生长期是从春季树液流动时开始，到秋季自然落叶时为止。休眠期是从落叶开始至翌年树液流动前为止。

1. 树液流动期　树液流动期从春季树液流动开始到萌芽时止。植株特征是从伤口或剪口分泌伤流液，所以也称伤流期。此时根系已经开始从土壤中吸收水分。

伤流期出现的迟早与当地的气候有关，当地表以下 10cm 深土层的温度达到 5℃ 以上时，便开始出现伤流。在吉林地区，五味子的伤流期出现于 4 月上、中旬，一般可持续 10～20d。

2. 萌芽期　芽开始膨大，鳞片松开，颜色变淡，芽先端幼叶露出。当 5% 芽萌动时为萌芽开始期，当达到 50% 萌芽时为大量萌芽期。

3. 展叶期　幼叶露出后，开始展开，先展开的形成小叶。当 5% 萌动芽开始展叶时为展叶始期，当有 50% 展叶时为大量展叶期。

4. 新梢生长期　从新梢开始生长到新梢停止生长为止。据调查，五味子的新梢在生长过程中有 2 次生长高峰，在吉林地区第一次在 5 月中旬至 6 月中旬，第二次在 7 月中旬至 8 月上旬。萌蘖枝在整个生长季生长都较快，在支持物足够长的条件下，可至 9 月上中旬才停止生长。营养枝的第一次生长高峰在 5 月中旬至 6 月中旬，第二次生长高峰在 7 月中旬至 8 月上旬；结果枝的第一次生长高峰在 5 月下旬至 6 月上旬，第二次生长高峰在 7 月中旬至 8 月上旬（图 3-6）。经观察，营养枝和结果枝的第二次生长高峰是由副梢的萌发引起的，所以第二次高峰明显与否与副梢萌发的多少有直接关系。

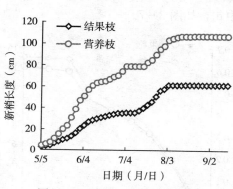

图 3 - 6　五味子新梢生长动态

五味子不同类型的新梢年生长量差别较大，中国农业科学院特产研究所对不同类型新梢调查的结果表明，以萌蘖枝生长量最大，其平均值是营养枝的 2.9 倍、结果枝的 5.2 倍（表 3-1）。由于萌蘖枝生长量较大，大量的萌蘖枝势必造成严重的营养竞争，所以，在生产中应采取相应措施，减少萌蘖数量，控制其生长。

表 3 - 1　五味子新梢生长量（cm）

枝类	最长	最短	平均
萌蘖枝	385	251	305
营养枝	186	1.5	105
结果枝	93	1.0	58.5

5. 开花期　从始花到开花终了为开花期。在吉林地区，五味子于 5 月下旬至 6 月初开花，开花期 10～14d，单花花期 6～7d。

6. 浆果生长期　由开花末期至浆果成熟之前为浆果生长期。据调查，五味子的果实有两次生长高峰，在吉林地区其第一次生长高峰出现在 6 月上旬至 7 月初，7 月初为五味子的硬核期。第二次生长高峰在 8 月上中旬。其第一次生长高峰的生长量较大，为果粒总重量的 45%，第二次生长高峰生长量相对较小。果穗亦表现为两次生长高峰，第一次在 6 月上旬至 7 月初，第二次生长高峰亦较小，为 8 月上中旬，如图 3-7。

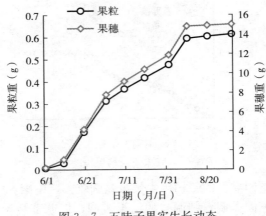

图 3-7 五味子果实生长动态

　　6 月下旬至 7 月上旬为五味子花芽及花性分化的临界期，然而此期也是果实的第一个生长高峰期。果实的生长必然造成较大的营养竞争，使碳水化合物的积累严重不足，阻碍花芽分化及雌花的形成，如负载量过大，易形成较多的叶芽和雄花，影响五味子的产量。五味子花芽分化及果实、新梢生长的对应时期见表 3-2。

表 3-2　新梢及果实生长与花芽分化的对应关系

类别	6 月下旬	7 月初	7 月中旬	7 月下旬至 8 月中旬
花芽分化	未分化期（花性分化临界期）	花原基始分化（花性分化临界期）	托叶及花被片原基分化	花性分化
结果枝	缓慢生长	缓慢生长	缓慢生长到迅速生长	迅速生长到缓慢生长
萌蘖	缓慢生长	缓慢生长	迅速生长	迅速生长
营养枝	缓慢生长	缓慢生长	缓慢生长到迅速生长	迅速生长到缓慢生长
果穗	迅速生长	缓慢生长	缓慢生长	缓慢生长
果粒	迅速生长	迅速生长	缓慢生长	迅速生长到缓慢生长

7. 浆果成熟期　从浆果成熟始期到完全成熟时为止称为浆果成熟期。五味子在栽培条件下浆果成熟期比野生条件下提前5~7d，在吉林地区7月下旬浆果着色，一般8月末至9月初可完全成熟。不同植株由于遗传基础不同，浆果的成熟期相差较大，早熟类型8月中旬即可完熟，而晚熟类型需9月下旬才能完全成熟。

8. 新梢成熟和落叶期　从浆果开始成熟前后到落叶时为止，新梢在此期间延长生长较前期生长速度显著减慢，以至于停止生长。而中上部的加粗生长仍在进行。新梢在延长生长和加粗生长的同时，花芽及新梢原基也进行分化，在营养状况良好和气候条件适宜的情况下有利于花芽分化和新梢成熟。9月末至10月初，随着气温的降低，叶片逐渐老化变成黄色，基部形成离层，最后自然脱落，由此进入休眠期。直到次年春季伤流开始，又进入新的生长发育周期。

（二）五味子根系及地下横走茎发育特点

五味子不同树龄植株的根系、地下横走茎差别较大。据调查，五年生植株根系为三年生植株的6.2倍，地下横走茎重为三年生植株的11.3倍。五味子地下横走茎的数量较大，正常修剪情况下，以五年生植株计，其数量为主蔓数的6.8倍，质量为主蔓的2.6倍，芽数为植株芽数的4.5倍，其不定根不发达，不定根重相当于植株根系的3.4%（表3-3）。

表3-3　五味子植株、根系及地下横走茎状况对比

树龄	根系骨干根数	植　株			地下横走茎			总重（g）	不定根（g）
		总重（g）	芽数	主蔓	总重（g）	数量	芽数		
五年生	6	989	250	5	445	34	1 792	2 032	42
五年生	6	850	210	5	470	29	531	641	21
五年生	7	693	240	4	470	32	797	819	33
三年生	4	148	108	3	75	15	105	108	4
三年生	4	123	101	3	78	11	120	98	3
总计	—	2 803	909	21	1 538	121	3 345	3 698	103

地下横走茎是植株进行无性繁殖的主要器官,除自身地下横走延伸外,还会发出大量的萌蘖枝。萌蘖枝生长势强,加之地下横走茎根系较不发达,吸收能力弱,大量营养仍需母株供给,对五味子花芽分化及正常结果都会造成较大的营养竞争,所以,在进行五味子栽培时应适当去除地下横走茎。

(三)五味子的结实特性

1. 五味子的着花特性 五味子不同枝类及芽位着花状况明显不同。五味子以中、长枝结果为主,随枝蔓长度增加,雌花比率也相应增加(表3-4)。植株从基部发出的萌蘖当年生长量可达2m以上,并且雌花比例较高。同一枝条,雌花比例由基芽向上呈增长趋势(表3-5)。

表3-4 不同枝蔓着花状况比较

枝蔓种类	调查枝数	总花数	其 中		雌花比率(%)
			雌花数	雄花数	
叶丛枝	50	175	0	175	0
短枝	50	451	106	345	23.5
中枝	50	750	311	439	41.5
长枝	50	757	327	430	43.2

表3-5 五味子长枝各节位着花特性比较

节位	调查枝数	总花数	总雌花数	节位平均着花数	雌花比率(%)
1	50	153	40	3.06	26.1
2	50	187	80	3.74	42.8
3	50	207	99	4.04	47.8
4	50	210	120	4.20	57.1
5	50	204	129	4.16	63.2

（续）

节位	调查枝数	总花数	总雌花数	节位平均着花数	雌花比率（%）
6	50	216	140	4.41	64.9
7	50	210	142	4.47	67.6
8	50	196	136	4.17	69.3
9	50	179	125	4.16	70.0
10	50	151	101	3.87	66.9

在五味子冬剪时，应适当调节叶丛枝及中、长枝的比例，并注意回缩衰弱枝，以培养中、长枝，使树体适量结果，保持连续丰产、稳产。对于树势较弱的主蔓应利用基部的萌蘖枝进行及时更新。

2. 花芽分化

（1）花原基未分化期　五味子花芽为混合花芽，春季由越冬芽抽生新梢，新梢的叶腋间着生腋芽，6 月中下旬腋芽的雏梢基部较平坦，无突起物，此期为花原基未分化期（图 3-8a 中箭头所指为花原基未分化的部位）。

（2）花原基分化始期　在 7 月初可见腋芽的雏梢基部有微小的突起物，继而增大、变宽、隆起，即为已分化的花原基（图 3-8b 中箭头所指部位为已分化的花原基）。

（3）托叶及花被片原基分化期　到 7 月中旬，花原基继续发育，周围出现突起，第一个突起为托叶原基，继续分化出花被片原基（图 3-8c 中箭头所指部位为花被片）。

（4）花性分化期　到 7 月下旬以后，如果花原基上陆续出现很多突起物，呈螺旋状排列在花托上，即为初分化的心皮原基，花性为雌花；如突起物少数，近层状排列于花托上，则为雄蕊原基，花性为雄花（图 3-8d 中箭头所指部位为雌花心皮）。此期集中在 8 月中旬。

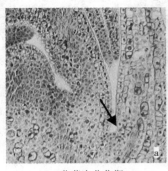
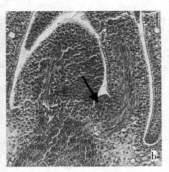

a.花芽未分化期　　　　　　　　b.花原基分化始期

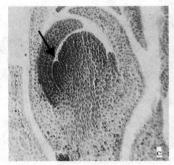
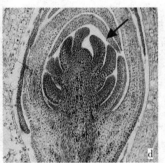

c.托叶及花被片原基分化期　　　　d.花性分化期

图 3-8　五味子花芽分化过程（雌花）

　　3. 影响花性分化的因素　　影响五味子花性分化的因素是多方面的，与树体的营养、负载量、光照、温度、土壤含水量、内源激素水平等有密切联系。五味子栽培的经验表明，五味子单株结果量过大或管理不善，易造成大小年现象。大年树第二年的雌花比例明显降低，甚至整株都是雄花。对不同时期大年树的叶丛枝（超短枝）顶芽和小年树的长枝腋芽进行内源激素测试的结果表明，大年树的叶丛枝顶芽内赤霉素（GA_3）含量为小年树的 2 倍以上（图 3-9）。这说明影响雌花分化的主要因素是大年树的果实合成了大量的赤霉素（GA_3），影响了营养物质向芽内部的转运，从而阻碍了花芽分化向雌花分化的方向转变，使雌花分化受阻。另外，病害较重、树势衰弱、光照及水分条件不良的植株，雌花分化比例也明显偏低。

所以，在五味子栽培中，应注意调节树体的负载量，注意病虫害防治及加强施肥灌水等措施，尤其是在花性分化的临界期可实施叶面喷肥或生长调节剂等来调控花性分化。

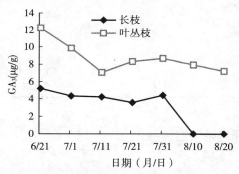

图 3 - 9　五味子不同枝芽内 GA₃ 含量变化

4. 五味子的授粉特性　五味子为虫媒花，中型花粉，花粉横径 $29.4 \sim 37.0 \mu m$，畸形花粉粒少，饱满花粉率可达 95％以上。其花药花粉量 15.3 万～30.0 万粒，属花粉量较大的植物种类。

五味子的传粉昆虫为鞘翅目、缨翅目（Thysanoptera）和双翅目昆虫等，以鞘翅目昆虫为主，具有非专一性传粉的特点，传粉昆虫多具避光习性，体形小，不易发现。在栽培的过程中，由于没有发现蜜蜂访花，所以很多栽培者认为五味子是风媒花。另外，由于许多鞘翅目昆虫是通过在花朵间啃食五味子花器官的方式来完成授粉过程的，所以很多生产者把它们列入害虫的范围加以防治，这样会降低五味子的坐果率。因此，为保证五味子充分坐果，在五味子花期不要以杀灭该类昆虫为目的进行药剂防治。

研究结果表明（表 3 - 6），五味子异交的结实率显著高于自交，其中异交的花朵结实率是自交的 1.7～2.8 倍，心皮结实率是自交的 3.5～6.5 倍。五味子授粉受精后，心皮膨大到一定程度会有一部分停止生长，种子败育，最后不着色，形成小青粒。自交情况下种子败育的比例远远高于异交，约为异交组合的1.6倍。此结果说明五味子的自花授粉亲和性远远低于异花授粉亲和性。

表3-6 自异交方式对五味子结实率的影响

品系	杂交方式	花朵结实率（%）	心皮结实率（%）	种子败育心皮率（%）
早红	早红×早红	38.5	11.9	39.2
	早红×优红	65.0	41.6	23.5
优红	优红×优红	20.6	4.9	51.3
	优红×早红	58.2	32.0	31.2

（四）与环境条件的关系

1. 光照 五味子的叶片具有耐阴喜光的特性，不同的光照条件对叶片的光合作用有着较明显的影响，直接影响到相应芽的分化质量。据调查，林间、林缘及空旷地带由于光照条件不同，对五味子生长发育有着显著影响。生长在空旷、林缘地带的植株比林间的开花早，果实成熟提前4～7d，而且雌花比例也明显增高（表3-7）。在栽培条件下，不同高度架面上的雌、雄花比例也明显不同，上部架面的雌花比例明显高于下部架面的雌花比例（表3-8）。

表3-7 野生五味子在不同环境条件下雌、雄花比例变化

环境条件	调查花数	其　中		雌花比率（%）
		雌花数	雄花数	
林间	264	9	255	3.4
林缘	493	198	295	40.2
空旷	273	141	132	51.2

表3-8   五味子栽培条件下不同高度架面雌、雄花比例变化

架面高度 （cm）	三年生树			四年生树			五年生树		
	雄花数	雌花数	雌花比例（%）	雄花数	雌花数	雌花比例（%）	雄花数	雌花数	雌花比例（%）
50	316	132	29.0	527	22	4.0	375	61	14.0
51～100	151	287	65.5	804	494	38.1	385	143	27.1
101～150	57	346	85.9	30	620	95.4	390	201	34.0
>151				5	466	98.9	112	345	75.5

　　据调查，在野生条件下，由于光照条件不良，叶丛枝在植株上的枯死率达46.7%，能够萌发的着花率为14.5%，全部为雄花。而在栽培条件下，内膛枝由于光照不良，叶片薄、颜色浅，常形成寄生叶，枝条及芽眼生长不充实，其萌发率虽可提高到93.4%，着花率为87.6%，但仍全部为雄花。所以叶片的光照条件对植株的生长发育、花芽分化质量有着较大影响。因此，在其他农业技术措施的配合下，通过整形修剪等措施，改善架面的通风透光条件，以增强叶片的光合作用能力，对于五味子的丰产、稳产有重要意义。

　　五味子光合速率的日变化呈双峰曲线。6：00～11：00时随着气温和光照的增强，叶片光合速率不断提高，11：30左右达到最大值；11：30～14：00时逐渐下降，14：00～15：00时开始回升，到15：30左右出现次高峰，以后随气温和光照的减弱基本呈下降趋势，表明其光合作用存在"午休"现象（图3-10）。五味子不同植株间光合效率差异明显，光合效率强的植株叶片浓绿，光合速率高，高产稳产；光合效率弱的植株叶片发黄，光合速率低，大小年现象严重。

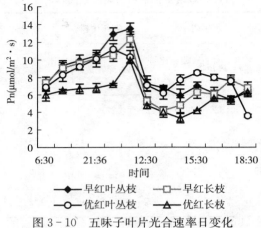

图 3-10　五味子叶片光合速率日变化

2. 温度　在冬季，五味子枝蔓可抗－40℃的低温，因此可露地栽培。在春季，当平均气温在5℃以上时，五味子芽眼开始萌动。适宜的生长温度为25～28℃，生育期120d以上，≥10℃活动积温2 300℃以上。早春萌芽后，当温度降到0℃以下时，常常会使已萌发的幼嫩枝、叶、花朵冻伤、冻死。因此，要加强晚霜防治。

3. 水分　五味子属于浅根系植物，因此对水分的依赖较大，特别是苗木定植的春季应保持适宜的土壤湿度，以提高成活率。在我国东北地区，6月下旬以前多出现干旱少雨天气，应注意果园灌水，保证植株生长发育的需要。7～8月是北方的雨季，雨量充沛，能够满足五味子对水分的需求，但要注意排水防涝。

4. 土壤　五味子适宜在各种微酸性土壤中生长，而以土层深厚、腐殖质含量高的土壤最为适宜。

第四章

五味子的育苗与建园

一、育苗

可靠的繁殖方法是多种植物得以栽培推广的先决条件。植物的繁殖方法可分为两大类,即有性繁殖和无性繁殖。有性繁殖的后代分别携带双亲的不同遗传特性,有较强的生命力与变异性;无性繁殖因能稳定地保持原品种的特征和特性,一致性强,是木本植物培育生产用苗的主要方法,就五味子而言具体有扦插繁殖、压条繁殖、嫁接繁殖、根蘖苗繁殖等多种方法。生产育苗应根据实际需要选择适宜的方法,在种苗十分缺乏、优良种源不足、无性繁殖技术不够完善的情况下,经过选优采种,生产上可采用实生苗建园,但未经选优采种培育的实生苗只能作砧木,当做培育嫁接苗的材料;在无性繁殖技术较为成熟、具有一定的种源条件的前提下,就要积极采用各种无性繁殖技术,培育优良品种苗木。

(一)苗木的繁殖方法

1. 实生繁殖

(1)种子处理 8月末至9月中旬采收成熟果实,搓去果皮果肉,漂除瘪粒,放阴凉处晾干。12月中、下旬用清水浸泡种子3～4d,每天换水1次,然后按1∶3的比例将湿种子与洁净细河沙混合在一起,沙子湿度通常掌握在用手握紧成团而不滴水的程度,放入木箱或花盆中存放,温度保持在0～5℃。在我国东北地区,亦可在土壤封冻前,选背风向阳的地方,挖深60cm左右的贮藏坑,

25

坑的长宽视种子的多少而定，将拌有湿沙的种子装入袋中放在坑里，上覆 10～20cm 的细土，并加盖作物秸秆等进行低温处理，第二年春季解冻后取出种子催芽。五味子种子层积处理或低温处理所需要的时间一般在 80～90d，播种前半个月左右把种子从层积沙中筛出，置于 20～25℃ 条件下催芽，10d 后，大部分种子的种皮裂开或露出胚根，即可播种。由于五味子种子常常带有各种病原菌，致使五味子种子催芽过程中和播种后发生烂种或幼苗病害。因此，在催芽或播种前，五味子种子进行消毒处理是十分必要的。用质量分数 0.2%～0.3% 多菌灵拌种，拌后立即催芽或播种，也可用 50% 咪唑霉 400～1 000 倍液或 70% 代森锰锌 1 000 倍液浸种 2min，效果很好。

（2）露地直播 为了培育优良的五味子苗木，苗圃地最好选择地势平坦、水源方便，排水好，疏松、肥沃的沙壤土地块。苗圃地应在秋季土壤结冻前进行翻耕、耙细，翻耕深度为 25～30cm。结合秋翻施入基肥，每 667m² 施腐熟农家肥 4～5m³。

露地直播可实行春播（吉林地区 4 月中旬左右）和秋播（土壤结冻前）。播种前可根据不同土壤条件做床。低洼易涝、雨水多的地块可做成高床，床高 15cm 左右；高燥干旱，雨水较少的地块可做成平床。不论哪种方式都要有 15cm 以上的疏松土层，床宽 1.2m，床长视地势而定。耙细床土清除杂质，搂平床面即可播种。播种采用条播法，即在床面上按 20～25cm 的行距，开深度为 2～3cm 的浅沟，每 667m² 用种量 5～8kg，每平方米播种量 10～15g。覆 1.5～2.0cm 厚的细土，压实土壤，浇透水。在床面上覆盖一层稻草、松针或加盖草帘，覆盖厚度以 1.0cm 左右为宜，既可保持土壤湿度又不影响土温升高。为防止立枯病和其他土壤传染性病害，在播种覆土后，结合浇水喷施 50% 多菌灵可湿性粉剂 500 倍液。

当出苗率达到 50%～70% 时，撤掉覆盖物并随即搭设简易遮阳棚，幼苗长至 2～3 片真叶时撤掉遮阴物。苗期要适时锄草松土。当幼苗长出 3～4 片真叶时进行间苗，株距保持在 5cm 左右为宜。

苗期追肥 2 次，第一次在拆除遮阳棚时进行，在幼苗行间开沟，每平方米施硝酸铵 20～25g、硫酸钾 5～6g；第二次追肥在苗高 10cm 左右时进行，每平方米施磷酸氢二铵 30～40g、硫酸钾 6～8g。施肥后适当增加浇水次数以利幼苗生长。进入 8 月中旬，当苗木生长高度达到 30cm 时要及时摘心，促进苗木加粗生长，培养壮苗。栽培过程中要注意白粉病的发生，当发现有白粉病时，可用粉锈宁 25％可湿性粉剂 800～1 000 倍液、甲基托布津可湿性粉剂 800～1 000倍液及粉锈安生 70％可湿性粉剂 1 500～2 000 倍液进行防治。

在其他管理措施一致的前提下，撤掉覆盖物后也可以不设遮阴设施，在幼苗出土后至长出 2～3 片真叶前由常规遮阴改为上午10：00～12：00、下午 1：00～3：00 时用喷灌设备向苗床间歇式喷雾，既节省遮阴设备的成本，又使成苗率和苗木质量显著提高。

2. 无性繁殖育苗方法

（1）绿枝劈接繁殖 砧木的培养参照露地直播育苗，在冬季来临之前如砧木不挖出，则必须在上冻之前进行修剪，每个砧木留3～4 个芽（5cm 左右）剪断，然后浇足封冻水，以防止受冻抽干。如拟在第二年定植砧苗，则可将苗挖出窖藏或沟藏，这样更利于砧苗管理，第二年定植时也需要剪留 3～4 个芽定干。原地越冬的砧木苗来年化冻后要及时灌水并追施速效氮肥，促使新梢生长，每株选留新梢 1～2 个，其余全部疏除，尤其注意去除基部萌发的地下横走茎。用砧木苗定植嫁接的，可按一般苗木定植方法进行，为嫁接方便可采用垄栽。

在辽宁中北部和吉林各地可在 5 月下旬到 7 月上旬进行，但嫁接晚时当年发枝短，特别是生长期短的地区发芽抽枝后当年不能充分成熟，建议适时早接为宜。嫁接时最好选择阴天，接后遇雨则较为理想，阳光较为强烈的晴天在午后嫁接较为适宜。

嫁接时选取砧木上发出的生长健壮的新梢，新梢留下长度以具有 2 枚叶片为宜。剪口距最上叶基部 1cm 左右，砧木上的叶片留下。为了使愈合得更好，要尽量减少砧木剪口处细胞的损坏，剪子要锋利，也可采用单面刀片切断。

接穗要选用优良品种或品系的生长苗壮的新梢和副梢。剪下后，去掉叶片，只留叶柄。接穗最好随采随用，如需远距离运输，应做好降温、保湿、保鲜工作，以提高成活率。嫁接时，芽上留0.5～1cm，芽下留1.5～2cm，接穗下端削成1cm左右的双斜面楔形，斜面要平滑，角度小而均匀。

在砧木中间劈开一个切口，把接穗仔细插入，对齐接穗和砧木二者的形成层，接穗和砧木粗度不一致时对准一边，接穗削面上要留1mm左右，有利于愈合。接后用宽0.5cm左右的塑料薄膜把接口严密包扎好，仅露出接穗上的叶柄和腋芽（图4-1）。在较干旱的情况下，接穗顶部的剪口容易因失水而影响成活，可用塑料薄膜"戴帽"封顶。

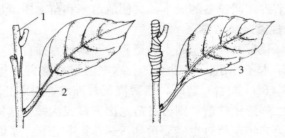

图4-1　五味子绿枝劈接
1. 接穗　2. 砧木　3. 嫁接状

嫁接过程需要注意：砧木要较鲜嫩，过分木质化的砧木成活率不佳；接穗要选择半木质化枝段，有利成活；接口处的塑料薄膜一定要绑好，不可漏缝，但也不可勒得过紧；接前特别是接后应马上充分灌水并保持土壤湿润；接后仍需及时除去砧木上发出的侧芽和横走茎；接活后适时去除塑料薄膜。

（2）**硬枝劈接繁殖**　落叶后至萌芽前采集一年生枝作接穗，结冻前起出一至二年生实生苗作砧木，在低温下贮藏以备次年萌芽期进行劈接（或不经起苗就地劈接）。嫁接前把接穗和砧木用清水浸泡12h。接穗应选择粗度＞0.4cm、充分成熟的枝条，剪截长度4～

5cm，留 1 个芽眼，芽上剪留 1.5cm，芽下保持长度为 3cm 左右。用切接刀在接穗芽眼的两侧下刀，削面为长 1～1.5cm 的楔形，削好的接穗以干净的湿毛巾包好防止失水；在砧木下胚轴处剪除有芽部分，根据接穗削面的长度，在砧木的中心处下刀劈开 2cm 左右的劈口，选粗细程度大致相等的接穗插入劈口内，要求有一面形成层对齐，接穗削面一般保留 1～2mm"露白"，然后用塑料薄膜将整个接口扎严（图 4-2）。把嫁接好的苗木按 5cm×20cm 的株行距移栽到苗圃内，为防止接穗失水干枯，接穗上部剪口处可以铅油密封。移栽后 10～15d 产生愈伤组织，30d 后可以萌发。当嫁接苗 30％左右萌发时应进行遮阴，因为此时接穗与砧木的愈伤组织尚未充分结合，根系吸收的水分不能很好供应接穗的需要，遮阴可以防止高温日晒造成接穗大量失水死亡。当萌发的新梢开始伸长生长时需进行摘心处理，一般留 2～3 片叶较为适宜。温度超过 30℃时可叶面喷水降低叶温，减少蒸腾。当新梢萌发副梢开始第二次生长时，说明已经嫁接成活，可撤去遮阴物。

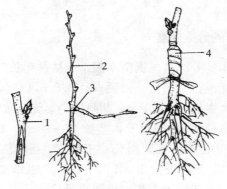

图 4-2　五味子的硬枝劈接繁殖

1. 接穗　2. 砧木　3. 剪切处　4. 嫁接状

（3）压条繁殖　压条繁殖是我国劳动人民创造的最古老的繁殖方法之一，它的特点是利用一部分不脱离母株的枝条压入地下，使枝条生根繁殖出新的个体，其优点是苗木生长期养分充足，容易成活，生长壮，结果期早。

压条繁殖多在春季萌芽后新稍长至 10cm 左右时进行。首先，在准备压条的母株旁挖 15～20cm 深的沟，将一年生成熟枝条用木杈固定压于沟中，先填入 5cm 左右的土，当新梢至 20cm 以上且基部半木质化时，再培土与地面平（图 4-3）。秋季将压下的枝条挖出并分割成各自带根的苗木。

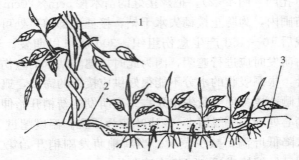

图 4-3 五味子压条繁殖
1. 主蔓 2. 压条 3. 土壤

（二）苗木的分级标准

五味子苗木的分级是根据苗木根系、枝蔓生长发育和成熟情况进行的。分级标准：一级苗，根颈直径 0.5cm 以上，茎长 20cm 以上，根系发达，根长 20～25cm，芽眼饱满，无病虫害和机械损伤；二级苗，根颈直径 0.35cm 以上，茎长 15～20cm，根长 15～20cm，芽眼饱满，无病虫害和机械损伤；三级苗，根颈直径 0.34cm 以下，茎长 15cm 以下，根长 10cm 以下。一、二级苗可作为生产合格用苗，三级苗不能用于生产，应回圃复壮。

（三）苗木假植与贮藏

10 月中旬苗木停止生长而后落叶，在土壤结冻前应完成起苗出圃工作。起苗时要尽量减少对植株特别是根系的损伤，保证苗木完好。起出的苗木，先将枝蔓不成熟部分和根系受伤部分剪除，然后分级，每 50～100 株捆成一捆，系上标签，注明品种或类型。不能在露天放置时间过长以防苗木风干，应尽快放在阴凉处临时假植，当土壤要结冻时进行长期假植或贮藏。

1. 苗木假植分为临时假植和长期假植

（1）临时假植　凡起苗后或栽植前较短时间进行的假植，称为临时假植，临时假植要选背风蔽荫处，挖假植沟，一般为 30～50cm，沟的一侧倾斜。将苗木放入沟中斜靠在沟坡上，把挖出的土埋在苗木根部与苗干。适当抖动苗干，使湿土填充苗根空隙，达到苗木根、干与土密接不透风的目的，然后踏实即可。

（2）长期假植　秋季起苗后当年不进行定植，需等到来年栽植，可采用长期假植越冬的方法。长期假植因为假植时间长，还要度过漫长的冬季，所以要求比临时假植要严格得多。其方法是选择庇荫、背风、排水良好、便于管理和不影响春季作业的地段，挖东西向的假植沟，沟深一般 35～45cm，沟向一侧倾斜，把待假植的苗木成捆排在假植沟内，使苗梢向南。然后用湿土将苗根及下部苗干埋好，踏实再摆下一层苗木，同样用湿土将苗根及下部苗干埋好，依次进行，最后逆假植苗梢方向，向苗木覆些松土。假植的要点是"疏排、深埋、实踩"。如果土壤干燥，假植前后可以灌水以增加土壤湿度。但浇水不宜太多，以防烂根。风沙严重或环境空旷的苗圃，为防风沙、干旱侵袭，可用秸秆覆盖或设风障，加以防护。假植期间应注意经常进行检查。发现覆土下沉，说明填土不实，出现空隙，应及时培土，以防透风。春季化冻时，要及时清扫积雪，以防雪水浸苗。春季不能及时栽植时，应采取措施降温，以防芽眼萌发。

2. 苗木的沟藏及窖藏　为了更好地保证苗木安全越冬，延迟苗木来春发芽的时间和延长栽植季节，可采用沟藏或窖藏的方法进行贮藏。贮藏沟及窖的地点也应选择地势高燥、背风向阳的地方。

1. 沟藏　土壤结冻前，在选好的地点挖沟，沟宽 1.2m、深 0.6～0.7m，沟长随苗木数量而定。贮藏苗木必须在沟内土温降至

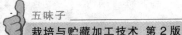

2℃左右时进行，时间一般为 11 月中下旬至 12 月上旬。贮藏苗木时先在沟底铺一层 10cm 厚的清洁湿河沙，把捆好的苗木在沟内横向摆放，摆放一行后用湿河沙将苗木根系培好，再摆下一行，依次类推。苗木摆放完后，用湿沙将苗木枝蔓培严，与地面持平，最后回土成拱形，以防雨、雪水灌入贮藏沟内。

2. 窖藏　当土壤要结冻时，进行贮藏。贮藏时先在窖内铺一层 10 厘米厚的洁净湿河沙，将捆好的苗木成行摆放，摆完一行后用湿河沙把根系及下部苗干培好，再摆下一行，依次类推。在贮藏期间，要经常检查窖内温、湿度，窖内温度一般应保持在 0～2℃左右，湿度以 85％～90％为宜。温度过高、湿度过大会使贮藏苗木发霉，湿度过小会因失水使苗木干枯。此外，还要注意防止窖内鼠害。

（四）苗木运输

苗木在运输前应妥善进行包装，以免风干或受损伤。包装时，苗木基部及根系之间要填塞湿锯末等物，防止干枯。

运输时期以秋季起苗后（10 月中旬至 11 月上旬）或次年栽植前（4 月上旬）为好，不宜在严冬季节运输。

二、建园

五味子是多年生木质藤本植物，建园投资大，经营年限长，因此选地、建园工作非常重要。对五味子园地的选择必须严格遵守自然法则，讲求五味子生育规律和经济效果，同时又要符合我国中药材生产质量管理规范（GAP）的指导性原则，以生产优质的商品果实、更好地满足国内外中药材市场需求为目的。若园地选择得当，对植株的生长发育、丰产、稳产、提高果实品质、减少污染以及便利运输等都有好处。如果园地选择不当，将会造成不可挽回的损失。因此，建立高标准的五味子园，首先要选择好园地。

（一）园地选择

选择适宜栽培五味子的园地，要从地理位置及环境条件来考虑，大体包括以下几个方面。

1. 气候条件　我国东北地区是五味子的主产区，野生资源主要分布于北纬 40°～50°、东经 125°～135°的广阔山林地带。该地区的气候特点是冬寒、夏凉、少雨、日照长，年平均气温 2.6～8.6℃，冬季最低气温可达 －50～－30℃，1 月份平均气温 －23.5～－9.3℃，土壤结冻期长达 5～6 个月。无霜期较短，110～150d。晚霜出现在 5 月份，早霜出现在 9 月份。年降水量 300～700mm，集中在 6～8 月份和冬季，春季多干旱。在这种恶劣的气候条件下，五味子也可安全越冬。但为了获得较好的经济收益，必须选择能使五味子植株正常生长的小气候，从而获得优质、高产。无霜期 120d 以上，≥10℃年活动积温 2 300℃以上，生长期内没有严重的晚霜、冰雹等自然灾害的小区环境，适宜选作五味子园地。

2. 土壤条件　五味子自然分布区的土壤多为黑钙土、栗钙土及棕色森林土，这些土壤呈微酸性或酸性，具有通透性好、保水力强、排水良好、腐殖质层厚的特点。人工栽培的实践证明，五味子对土壤的排水性要求极为严格，耕作层积水或地下水位在 1m 以上的地块不适于栽培。栽培五味子的土壤除需符合上述条件外，还应符合无污染的要求。

3. 地势条件　不同地势对栽培五味子的影响较大。自然条件下，五味子主要分布于山地背阴坡的林缘及疏林地，这样的立地条件不但光照条件好，而且土壤肥沃、排水好、湿度均衡。人工栽培的经验表明，5°～15°的背阴缓坡地及地下水位在 1m 以下的平地都可栽植五味子。

4. 水源条件　五味子比较耐旱，但是为了获得较高的产量和使植株生长发育良好，生育期内必须供给足够的水分。在五味子的年生育周期内，一般都需要进行多次灌水。同时，为防治五味子病虫害等，喷洒药液也需要一定量的水。所以在选择园地时，要注意在园中或其附近有容易取得足够水量的地下水、河溪、水库等，以满足栽培五味子对水分的需要。但必须注意，园地附近的水源不能有污染，水质必须符合我国"农田灌溉水质量标准"。

5. 周边环境 园址要远离具有污染性的工厂，距交通干线的距离应在1 000m以上，周围设防风林，大气质量应符合我国"大气环境质量标准"，距加工场所的距离不宜超过50km，交通条件良好。另外，近年来的实践表明，五味子园的选地应尽量避免与玉米地等农作物相邻接，由于该类农作物在进行农田除草时常大量喷洒2，4D-丁酯等漂移性较强的除草剂，使五味子遭受严重药害，个别地块甚至绝产。2，4D-丁酯在无风条件下其漂移距离一般在200m左右，有风时漂移距离可达1 000m，所以建园时要将与大田作物的间距控制在1 000m以上。

（二）定植前的准备

1. 土地平整 定植前首先要平整土地，把所规划园地内的杂草、乱石等杂物清除，填平坑洼及沟谷，使五味子园地平整，以便于以后作业。

2. 深翻熟化 五味子根系分布的深度会随着疏松熟化土层的深浅而变化。土层疏松深厚的，根系分布也较深，这样才能对五味子的生长发育有利，同时可提高五味子对旱、涝的适应能力。最好能在栽植的前一年秋季进行全园深翻熟化，深度要求达到50cm。如不能进行全园深翻熟化，就要在全园耕翻的基础上，在植株主要根系分布的范围进行局部土壤改良，按行挖栽植沟，深0.5～0.7m，宽0.5～0.8m，也能够创造有利于五味子生长发育的土壤条件。

3. 施肥 五味子是多年生植物，一经栽植就要经营几十年，其生长发育所需要的水分和营养绝大部分靠根系从土壤中吸收，因此栽植时的施肥对五味子以后的生长发育无疑是非常有益的。栽植前主要是施有机肥，如人、畜粪和堆肥等。各类有机肥必须经过充分腐熟，以杀灭虫卵、病原菌、杂草种子，达到无害化卫生标准，切忌使用城市生活垃圾、工业垃圾、医院垃圾等易造成污染的垃圾类物质。有条件亦可配合施入无机肥料，如过磷酸钙、硝酸铵、硫酸钾等。无机肥的施用量每 667m² 施硝酸铵 30～40kg、过磷酸钙50kg、硫酸钾 25kg。

施肥的方法要依土壤深翻熟化的条件来定。全园耕翻时，有机肥全园撒施，化学肥料撒施在栽植行 1m 宽的栽植带上。如果进行栽植带或栽植穴深翻，可在回土时将有机肥拌均匀施入，化肥均匀施在 1～30cm 深的土层内。

4. 定植点的标定　定植点的标定工作要在土壤准备完毕后进行。根据全园规划要求及小区设置方式等，决定行向和等高栽植或直线栽植。

标定定植点的方法：先测出分区的田间作业道，然后用经纬仪按行距测出各行的栽植位置。打好标桩，连接行两端的标桩，即为行的位置。再在行上按深耕熟化的要求挖栽植沟或栽植穴，注意保留标桩，这是以后定植时的依据。

5. 定植沟的挖掘与回填　五味子的定植一般在春季进行。但春季从土壤解冻到栽苗一般不足 1 个月时间，在春季新挖掘的定植沟，土壤没有沉实，栽苗后容易造成高低不齐，甚至影响成活率。因此，挖定植沟的工作最好是在栽苗的前一年秋季土壤结冻前完成，使回填的松土经秋季和冬季有一个沉实的过程，以保证次年春季定植苗木的成活率。

定植沟的规格可根据园地的土壤状况有所变化，如果园地土层深厚肥沃，定植沟可以挖得浅一些和窄一些，一般深 0.4～0.5m，宽 0.4～0.6m 即可；如果园地土层薄，底土黏重，通气性差，定植沟就必须深些和宽些，一般要求深达 0.6～0.8m，宽 0.5～0.8m。挖出的土按层分开放置，表土层放在沟的上坡，底土层放在沟的下坡。挖定植沟必须保证质量，要求上下宽度一致，上宽下窄的沟是不符合要求的。沟挖完后，最好是能经过一段时间的自然风化，然后回填。在回填土的同时分层均匀施入有机肥和无机肥。先回填沟上坡的表土，同时施入有机肥料。表土不足时，可将行间

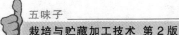

的表层土填到沟中，填至沟的 2/3 后，回填土的同时施入高质量的腐熟有机肥和化肥，以保证苗期植株生长对营养的需要。回填过程中，要分 2～3 次踩实，以免回填的松土塌陷，影响栽苗质量，或增加再次填土的用工量。待每个小区的定植沟都回填完毕后，再把挖出的底土撒开，使全园平整，如图 4-4 所示。

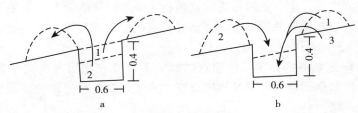

图 4-4　定植沟的挖掘和回填（单位：m）

a. 挖掘　b. 回填

1. 表土　2. 底土　3. 行间土

6. 架柱、架线的设立

（1）架柱的埋设　在五味子园建园的过程中，架柱的埋设需在栽苗前完成。这一方面可提高栽苗的质量，使行、株距准确，另一方面因为有架柱及拉设铁线的保护，栽好的植株可少受人畜活动的损坏。

架柱可用木架柱，亦可用水泥架柱。在我国东北的林区发展五味子生产，木架柱来源充足，而且比较便宜。木架柱要使用柞木、水曲柳、榆木、槐木、黄菠萝等硬质原木。中柱用小头直径 8～12cm、长 260cm 的木杆，边柱用小头直径 12～14cm、长 280cm 的小径木。把架柱的入土部分用火烤焦并涂以沥青，可以提高其防腐性，延长使用年限。水泥架柱一般由 500 号水泥 10 份、河沙 2 份、卵石 3 份配混凝土制成，柱中设有直径 0.6～0.8cm 的铁筋 4 条，每隔 20cm 用 8 号线与钢筋拧成的方框连成整体做骨架，制成的架柱混凝土强度 200 号以上。中柱为 8cm 或 10cm 见方、两端粗细相同的方柱，长 260cm。边柱为 10cm 见方、粗细相同的方柱，长 280cm。五味子采用篱架栽培方式，因栽培模式不同，株行距不同，一般株距 40～75cm，行距 120～200cm。埋设架柱时，水泥架柱之间的距离一般为 6m，木架柱为 4m。

埋设架柱的步骤是，依据标定栽植点的标桩先埋边柱，后埋中柱，要求埋完的架柱，经纬透视都能成直线。埋柱的深度，边柱为 0.8m，中柱 0.6m。边培土边夯实，达到垂直和坚实为准。埋设边柱的方法有 2 种，一种为锚石拉线法，一种为支撑法。采用锚石拉线法，又可分为直立埋设和倾斜 2 种。直立埋设的边柱垂直，入土深 0.8m，在边柱外 2m 处挖一个 1m 深的锚石坑，用双股 8 号铁线连接锚石和边柱的上端即可，拉线的斜度为 45°。这种埋设方法施工比较方便，但是日后的田间管理受斜拉线的影响，作业较不方便。倾斜埋设法施工比较费事，但是日后的田间运输、机械作业等比较方便。此法埋设边柱是拉线垂直，边柱的内侧呈 60°的倾斜，入土深度约 0.8m，锚石坑挖在测定的边柱点上，深 1～1.2m，引出双股 8 号铁线与边柱的顶端相连接，即在边柱顶点的投影点埋锚石，在锚石点往区内行上 1.2m 处挖坑斜埋边柱即可（图 4-5）。

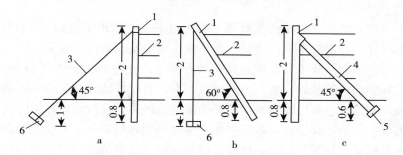

图 4-5　边柱埋设模式图（单位：m）

a.锚石拉线法直立埋设　b.锚石拉线法倾斜埋设　c.支撑法

1.边柱　2.铁线　3.拉线　4.支撑柱　5.垫石　6.锚石

采用支撑法埋边柱施工容易，但除要求边柱上距顶端 0.6m 处有一个突起的支撑点外，还需要多用一根支撑柱。首先埋好边柱，然后在行上距边柱 1.2～1.4m 处挖坑埋支撑柱，以 45°的倾斜角与边柱的支撑点相连。土层松软的地段，支撑柱的底端要加埋垫石。

（2）架线的设置　五味子园架柱埋设完成后，需设置架线。架线的间距为 0.6m 左右。第一道架线距地面 0.75m，第二道架线和第三道架线分别距地面 1.35m 和 1.95m。因五味子栽培常需设置架杆等，架线承重较葡萄等为轻，为节省成本，架线可采用较细的 10# 或 12# 钢线。设架线时先把架线按相应高度固定于篱架行的一端，然后将架线设置在行的另一端，用紧线器拉紧，并固定于边柱上。架线与中柱的交叉点用 12# 钢线固定。

（三）苗木定植及当年管理

1. 定植时期　五味子的成品苗定植可采取秋栽或春季栽植，秋栽在土壤封冻前进行，春栽可在地表以下 50cm 深土层化透后进行。

2. 栽植技术

（1）苗木浸水　苗木经过冬季贮藏或从外地运输，常出现含水量不足的情况。为了有利于苗木的萌芽和发根，用清水把全株浸泡 12～24h。

（2）定植　定植前需对苗木进行定干，在主干上剪留 4～5 个饱满芽，并剪除地下横走茎。剪除病腐根系及回缩过长根系。

在前一年秋季已经深翻熟化的地段上，把每行栽植带平整好，按标定的株距挖好定植穴。定植穴圆形，直径 40cm，深 30cm。如株距较近，也可以挖栽植沟。采用篱架栽培时，栽苗点应在架的投影线上，为了保证植株栽植准确，应使用钢卷尺测距，或使用设有明显标记（株距长度）的拉线，以后的挖穴及定植都要利用钢卷尺或这种测距线测定。

由定植穴挖出的土，每穴施入优质腐熟有机肥 2.5kg 拌匀，然后将其中一半回填到穴内，中央凸起呈馒头状，踩实，使离地平面约 10cm。把选好的苗木放入穴中央，根系向四周舒展开，把剩余的土打碎埋到根上，轻轻抖动，使根系与土壤密接。把土填平踩实后，围绕苗木用土做一个直径 50cm 的圆形水盘，或做成宽 50cm 的灌水沟，灌透水。水渗下后，将作水盘的土埂耙平。从取苗开始至埋土完毕的整个栽苗过程，注意细心操作，苗木放在地里的时间不宜过长，防止风吹日晒致使根系干枯，影响成活率。秋栽的苗木入冬前在小苗上培土厚 20～30cm，把苗木全部覆盖在土中，开春后再把土堆扒开。春栽时待水渗完后也应进行覆土，以防树盘土壤干裂跑墒。

3. 定植当年的管理

（1）定植当年管理的意义　我国东北中、北部地区冬季气候严寒，适宜于五味子年发育周期的生育日期很短，仅仅 150d 左右，而且无霜期仅 120d 左右。另外，五味子苗木的根系很不发达，枝条也较细弱，在栽植的第一年一般生长量都较小，只有加强管理，才能促进五味子苗木在栽植的当年有较大的生长量和保证较高的成活率。

（2）土壤管理　五味子定植当年的土壤管理虽然比较简单，但却非常重要。为了保证苗木的旺盛生长，基本采取全园清耕的方法。全年进行中耕除草 5 次以上，保持五味子栽植带内土壤疏松无杂草。

一般情况下当年定植的五味子萌芽后存在一个相对缓慢的生长期，此期个别植株会出现封顶现象，主要原因是由于根系尚未生长出足够多的吸收根，植株主要靠消耗自身积累的养分，因此新梢生长缓慢。当叶片生长到一定程度后即可制造足够的营养并向植株和根系运输，从而促进根系生长，此期可适当喷施尿素或叶面肥，促进叶片的光合作用。至 5 月下旬，根系已发出大量吸收根，植株内也有一定的营养积累，因此上部新梢开始迅速生长，封顶新梢重新萌发出副梢。此时为管理的关键时期，需加强肥水管理，每株可追施尿素或磷酸二铵 5～10g。为了促进五味子枝条的充分成熟，8 月上中旬可追施磷肥与钾肥，每株施过磷酸钙 100g，硫酸钾 10～15g，或叶面喷施 0.3％磷酸二氢钾。

遇旱灌水，特别要注意雨季排涝，一定要及时排除积水，否则容易引起幼苗死亡。

（3）植株管理　五味子定植当年的生长量与苗木质量和管理措

施关系很大，在保证苗木质量的前提下必须加强植株管理。一般在苗木芽萌发后的缓慢生长期可不对新梢进行处理。到5月下旬至6月上旬新梢开始迅速生长后，当新梢长度达50cm左右时，根据不同栽培模式，每株可选留健壮主蔓1～2条，及时引缚上架，支持物可采用竹竿或聚乙烯树脂绳。对于其他新梢可采取摘心的方法，抑制其生长，促使其制造营养，保证植株迅速生长。当植株生长超过2m时需及时摘心，促进枝条成熟。如产生副梢，需疏除过密副梢，一般副梢间距保持在15～20cm，并于副梢长度30cm左右处摘心，促进副梢生长充实、芽体饱满。

五味子的幼苗在一般情况下很少发生虫害和感染病害，但必须加强检查，由于一年生的幼苗较弱小，一旦发生病虫危害，会对植株的生长产生极大的影响。尤其应加强对五味子黑斑病及白粉病的观察，做到尽早防治。防治方法详见病虫害防治部分。

第五章

五味子栽培及管理技术

一、架式及栽植密度

（一）架式

五味子是一种多年生蔓性植物，枝蔓细长而柔软。在野生条件下，其枝蔓需依附其他树木以顺时针方向缠绕向上生长，因而在人工栽培时必须设立支架。设立支架可使植株保持一定的树形，枝、叶能够在空间上合理地分布，以获得充足的光照和良好的通风条件，并便于在园内进行一系列的田间管理作业。可根据当地的自然条件、栽培条件、品种特点和农业生产条件等来选择良好的架式。目前五味子的架式主要以单壁篱架为主。

1. 单壁篱架 单壁篱架又称单篱架，架的高度一般 1.5～2.2m，可根据气候、土壤、品种特性、整枝形式等加以伸缩（图5-1）。架高超过 1.8m 的单篱架称为高单篱架，目前五味子生产中多采用此种架式。架柱上每隔 40～80cm 拉一道铁线，铁线上绑缚架杆，供五味子主蔓攀附缠绕。单篱架的主要优点是适于密植，利于早期丰产。如辽宁省部分地区的生产者利用 2.0m 高的单篱架，采用行距 1.2m、株距 0.3m 的栽植密度，三年生的五味子植株每 667m² 产五味子干品达到 450kg。行距较为合理的篱架光照和通风条件好，各项操作如病虫害防治、夏季修剪等特别是机械化作业方便。但如果栽植密度过大、架面过高，园内枝叶过于郁闭，多年生植株的下部常不能形成较好的枝条，以至于 1m 以下光秃，不能正常结果，因此应注意合理密植，或适当降低架面高度，来保障合理地利用光照和空气条件。

2. 小棚架 小棚架是近年来新兴起的一种架式，其特点是光能利用率高，树体的负载量大（图5-2）。一般采用1.5～2.0m的行距，0.5～1.0m的株距，株距为1.0m时可选留两组主蔓。冬季修剪时根据情况每组主蔓选留结果母枝15～20个。

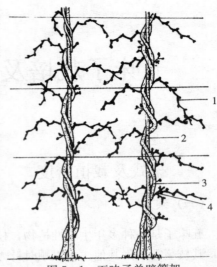

图5-1 五味子单壁篱架

1. 侧枝 2. 支持物 3. 主蔓 4. 结果枝组

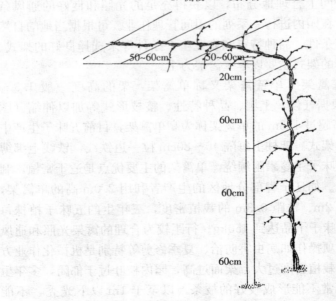

图5-2 五味子小棚架

（二）栽植密度

我国各地五味子栽植架式多以单壁篱架为主，由于株行距不同，单位面积的株数也有很大差异。目前生产上常用的株行距有 1.2m×0.3m、1.2m×0.5m、1.4m×0.5m、1.5m×0.5m、2.0m×0.5m、2.0m×0.75m、2.0m×1.0m 等多种方式。在温暖多雨、肥水条件好的地区，为了改善光照条件，株行距可大些；而气候冷凉、干旱、肥水较差的地区，株行距可小些。生长势强的品种，株行距可大些；生长势弱的品种，株行距可小些。结合多年的生产实践，就一般情况而言，采用实生苗建园，株行距可控制在行距 1.3～1.5m，株距 0.4～0.6m 为宜；采用品种苗建园时，以行距 1.5～2m，株距 0.5～1m 为宜。在采用小棚架栽培时，株行距宜采用上限数值。

（三）整形修剪

五味子枝蔓柔软不能直立，需依附支持物缠绕向上生长。因此，它的整形工作包括设立支持物和修剪两项任务。

1. 设置支持物 五味子在定植的当年生长量大小存在较大差异。在苗木质量差、管理不良的条件下，株高一般只能达到 50～60cm，但经平茬修剪，第二年平均生长高度可达 150cm 以上，第三年可布满架面。所以一般可在第二年春季（5月上、中旬）设立支持物。支持物可采用架杆和防晒聚乙烯绳。架杆常选用竹竿，竹竿长 2.0～2.2m，上头直径 1.5～2.0cm。防晒聚乙烯绳采用 3×15 根线的粗度较为适宜，上端固定于上部第一道铁线。根据株距每株 1～2 根，株距 <50cm 时每株可设 1 根，置于植株旁 5cm 左右；>50cm 时每株 2 根，均匀插在或固定在植株的两侧。竹竿的入土部分最好涂上沥青以延长使用年限，架杆用细铁丝固定在三道架线上。在苗木质量和管理都较好的五味子园，植株当年的生长高度就可达到 2m 左右，因此，在定植当年的 5 月下旬就应设置支持物，以利于植株迅速生长。

2. 整形　五味子整形的目的是通过人为干涉和诱导，使其按着种植者的要求生长发育，以充分利用架面空间，有效地利用光能，合理地留用枝蔓，调节营养生长和生殖生长的关系，培育出健壮而长寿的植株；使之与气候条件相适应，便于耕作、病虫防治、修剪和采收等作业，从而达到高产、稳产和优质的目的。

五味子常采用1组或2组主蔓的整枝方式，即每株选留1组或2组主蔓，分别缠绕于均匀设置的支持物上；在每个支持物上保留1～2个固定主蔓，主蔓上着生侧蔓、结果母枝；每个结果母枝间距15～20cm，均匀分布，结果母枝上着生结果枝及营养枝。这种整形方式的优点是树形结构比较简单，整形修剪技术容易掌握；株、行间均可进行耕作，便于防除杂草；植株体积及负载量小，对土、肥、水条件要求较不严格。但由于植株较为直立，易形成上强下弱、结果部位上移的情况，需加强控制。

每株树一般需要3年的时间形成树形。在整形过程中，需要特别注意主蔓的选留，要选择生长势强、生长充实、芽眼饱满的枝条作主蔓。要严格控制每组主蔓的数量，主蔓数量过多会造成树体衰弱、枝组保留混乱等不良后果。

3. 修剪

（1）休眠期修剪　冬季修剪也称休眠期修剪。秋季天气逐渐变冷、植株落叶以后，枝条中糖和淀粉向根系转运的现象不明显，所以在落叶后进行修剪，对植株体内养分的积累、树势和产量等没有明显的不良影响。第二年春季根系开始活动，出现伤流现象，伤流液中含有一定量营养，一般对植株不会造成致命影响，但会造成树势衰弱，故应在伤流前进行修剪。五味子可供修剪的时期较长，从植株进入休眠后2～3周至第二年伤流开始之前1个月均可进行修剪。在我国东北地区，五味子冬季修剪以在3月中、下旬完成为宜。

一般从新梢基部的明显芽眼算起剪留1～4个芽为短梢修剪，其中剪留1～2个芽或只留基芽的称超短梢修剪；留5～7个芽为中梢修剪；留8个芽以上为长梢修剪；留15个芽以上的称超长梢修

剪。五味子以中、长梢修剪为主，在同一株树上还应根据实际情况
进行长、中、短梢配合修剪。修剪时，剪口离芽眼 1.5～2.0cm，
离地面 30cm 架面内不留枝。在枝蔓未布满架面时，对主蔓延长枝
只剪去未成熟部分。对侧蔓的修剪以中、长梢为主，间距为 15～
20cm。叶丛枝可进行适度疏剪或不剪。为了促进基芽的萌发，以
利于培养预备枝，也可进行短梢或超短梢修剪（留1～3个芽）。对
上一年剪留的中、长枝（结果母枝）要及时回缩，只在基部保留一
个叶丛枝或中、长枝；为适当增加留芽量，可剪留结果枝组，即在
侧枝上剪留 2 个或 2 个以上的结果单位（图 5-3）。

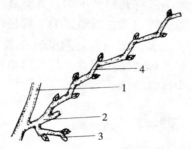

图 5-3　五味子结果枝组
1. 主蔓　2. 侧蔓　3. 短梢　4. 长梢

上一年的延长枝是结果的主要部分，因结果较多，其上多数节
位已形成叶丛枝，因此修剪时要在下部找到可以替代的健壮枝条进
行更新。当发现某一主蔓衰老或结果部位过度上移而下部秃裸时，
应从植株基部选留健壮的萌蘖枝进行更新。进入成龄后，在主、侧
枝的交叉处，往往有芽体较大、发育良好的基芽，这种芽大多能抽
生健壮的枝条，这为更新侧枝创造了良好条件，应加以有效利用。

（2）生长季修剪　花期修剪：由于五味子为雌雄同株单性花植
物，其雌花的数量是决定产量的主要因素。在五味子冬季修剪时，
由于无法判别雌花分化的状况，为保证产量，常多剪留一部分中长
枝。多剪留的枝条如不加处理，往往造成负载量过大或架面过于郁
闭，不利于果实的正常生长和花芽分化。因此，在五味子的花期需

根据着花情况，对植株进行进一步的修剪。对于花芽分化质量好、雌花分化比率高的植株，可根据中长枝剪留原则，去掉多余枝条；对于花芽分化质量差、雌花分化比率低的植株需做到逢雌花必保，但对于都是雄花的中长枝，应进行回缩，使新发出的新梢尽量靠近主蔓，防止结果部位外移，以利于植株的通风、透光，保证下一年能够分化出足够数量的优良雌花芽。

夏季修剪：在植株幼龄期要及时把选留的主蔓引缚到竹竿上促其向上生长，侧蔓上抽生的新梢原则上不用绑缚，若生长过长的可在新梢开始螺旋缠绕处摘心，以后萌发的副梢亦可采用此法反复摘心。对于采用单壁篱架进行栽培的植株，其侧蔓（结果母枝）过长或负载量较大时，需进行引缚，以免影响下部枝叶的光照条件或折枝。生长季节会萌发较多的萌蘖枝，萌蘖枝主要攀附于架的表面，造成架面郁闭，影响通风透光，因此必须及时清理萌蘖枝，保证架面的正常光照和减少营养竞争。

二、园地管理

（一）土壤管理

在自然界中，土壤是植物生长结果的基础，是水分和养分的供给库。土层深厚、土质疏松、通气良好，则土壤中微生物活跃，能提高土壤肥力，从而有利于根系生长，增强代谢作用，对增强树势、提高单位面积产量和果实品质都起着重要作用。因此，进行五味子无公害规范化栽培，土壤管理是一项重要内容。

1. 施肥

（1）秋施肥　每 667m² 施农家肥 3～5m³。从一年生园开始，在架面两侧距植株 0.5m 处隔年进行，以后依次轮流在前次施肥的外缘向外开沟施肥。沟宽 0.4m，深 0.3～0.4m，施肥后填土覆平，直至全园遍施农家肥为止。

（2）追肥　每年追肥 2 次。第一次在萌芽期（5 月初）追速效性氮肥及钾肥，第二次在植株生长中期（8 月上旬）追施速效性磷、钾肥。随着树体的扩大，肥料用量逐年增加，每株施硝酸铵 25～100g、过磷酸钙 200～400g、硫酸钾 10～25g。

（3）**叶面施肥** 五味子的根系较不发达，果实膨大、新梢生长及花芽分化都消耗较多的营养，易造成营养竞争。所以在植株生长的关键时期如浆果膨大期、花芽分化临界期适时进行叶面喷肥，对于保证植株的正常生长和丰产、稳产具有积极意义。

2. 除草

（1）**杂草种类** 调查结果表明，对五味子为害较重的杂草有稗草、马唐、苋菜、藜、问荆、狗尾草、看麦娘等，其中以马唐、鸭跖草、藜为害特别严重。

（2）**人工除草** 五味子园杂草的常规防除可结合园地的中耕同时进行，每年要进行 4～5 次。中耕深度 10cm 左右，使土壤疏松透气性好，并且起到抗旱保水作用。除草是避免养分流失、保证植株有足够的营养健康生长的重要手段。在除草过程中不要伤根，尤其不能伤及地上主蔓，一旦损伤极易引起根腐病的发生，造成植株死亡。

（3）**化学除草** 传统的手工除草费工费力，使用除草剂能有效提高生产效率。在充分掌握药性和药剂使用技术的前提下，可采用化学除草。常用的除草剂有精禾草克和百草枯。

精禾草克为一种高度选择性新型旱田茎叶处理除草剂，能有效防除稗草、野燕麦、马唐、牛筋草、看麦娘、狗尾草、千金子、棒头草等一年生禾本科杂草。4 月下旬至 5 月上旬五味子从育苗床移植到本田，移栽缓苗后可用精禾草克在禾本科杂草旺长期随时施药，但最好在杂草 3～5 叶期施药。每 667m² 可用 1.5％的精禾草克 70ml 对水 30～40kg，充分搅拌均匀后向杂草茎叶喷雾。防除多年生杂草时，可 1 次剂量分 2 次使用，能提高除草效果，2 次用药的间隔时间为 20～30d。用药时注意：①杂草叶龄小、生长茂盛、水分条件好时用低药量，干旱条件下用高药量。土壤湿度较高时，有利于杂草对精禾草克的吸收和传导，长期干旱无雨及空气相对湿度低于 65％时不宜施药。②一般在早晚施药，施药后应 2h 内无雨。长期干旱，若近期有雨，待雨后田间土壤湿度改善后再施药。③精禾草克为芳氧基苯氧丙酸酯类除草剂，不宜与激素类、磺酰脲类、二苯醚类如 2，4-D、2甲4氯及麦草畏、灭草松等除草剂混用。

百草枯英文通用名 paraquat，又名克芜踪、对草快，剂型为20％水剂。百草枯是一种快速灭生性除草剂，具有触杀作用和一定内吸作用，能迅速被植物绿色组织吸收，使其枯死，对非绿色组织没有作用。在土壤中迅速与土壤结合而钝化，对植物根部及多年生地下茎、宿根无效。适用于防除果园、桑园、胶园及林带的杂草，也可用于防除非耕地、田埂、路边的杂草。对于五味子园以及苗圃等，可采取定向喷雾防除杂草。在杂草出齐、处于生长旺盛期，每667m² 用 20％水剂 100～200ml 兑水 25kg，均匀喷雾杂草茎叶。当杂草长到 30cm 以上时，用药量要加倍。用药时注意：①百草枯为灭生性除草剂，在五味子生长期使用切忌污染作物，以免产生药害。②配药、喷药时要有防护措施，戴橡胶手套、口罩、穿工作服。如药液溅入眼睛或皮肤上，要马上进行冲洗。

（二）水分管理

1. 灌溉　五味子的根系分布较浅，干旱对五味子的生长和开花结果具有较大影响。我国东北地区春季雨量较少，容易出现旱情，对五味子前期生长极为不利。一年中如能根据气候变化和植株需水规律及时进行灌溉，对五味子产量和品质的提高有极为显著的作用。

五味子在萌芽期、新梢迅速生长期和浆果迅速膨大期对水分的反应最为敏感。生长前期缺水，会造成萌芽不整齐、新梢和叶片短小、坐果率降低，对当年产量有严重影响。在浆果迅速膨大初期缺水，往往会对浆果的继续膨大产生不良影响，会造成严重的落果现象。在果实成熟期轻微缺水可促进浆果成熟和提高果实品质，但严重缺水则会延迟成熟，并使浆果品质降低。

灌水时期、次数和每次的灌水量常因栽培方式、土层厚度、土壤性质、气候条件等有所不同，应根据当地的具体情况灵活掌握。

①化冻后至萌芽前灌1次水，这次灌水可促进植株萌芽整齐，有利于新梢早期的迅速生长。

②开花前灌水1～2次，可促进新梢、叶片迅速生长及提高坐果率。

③开花后至浆果着色以前，可根据降雨量的多少和土壤状况灌水2～4次，这一时期内进行灌水有利于浆果膨大和提高花芽分化质量。由于五味子为中药材，所以灌溉用水应符合农田灌溉水质标准（井水和雨水等可视为卫生、适宜灌溉用水）。

2. 排水　东北各省7～8月份正值雨季，雨多而集中，在山地的五味子园应做好水土保持工作并注意排水。平地五味子园更要安排好排水工作，以免因涝而使植株受害或因湿度过大造成病害大肆蔓延。

在地下水位高、地势低洼的地方，可在园内每隔25～50m挖深0.5～1.0m的排水沟进行排水，在山地的排水沟最好能通向蓄水池（或水库），作为干旱时灌溉之用。

苗圃幼苗和幼树易徒长贪青，更应注意排水。

（三）疏除萌蘖及地下横走茎

五味子是一个特殊的树种，其地下横走茎是进行无性繁殖的重要器官。地下横走茎每年的生长量特别大，而且会发生大量的萌蘖，不仅会造成较大的营养竞争和浪费，而且由于其生长势较强，攀附于篱架的表面，还会造成架面光照条件的恶化，所以每年都要进行清除地下横走茎和除萌蘖的作业。

1. 除地下横走茎　五味子的地下横走茎分布较浅，主要集中于地表以下5～15cm深的土层内，较易去除。去除时期为五味子落叶后至封冻前或伤流停止后的萌芽期。去除横走茎时，由于五味子根系分布较浅，应注意保护根系。另外由于五味子地下横走茎上具有不定根，从母体上切断后仍可继续生长形成新植株，所以必须彻底从地下取出，以免给以后的作业造成麻烦。

2. 除萌蘗 在每年的生长季节，五味子的地下横走茎都会产生大量的萌蘗，去除萌蘗的时期应视具体情况而定，做到随时发现随时去除，以利于五味子的正常生长和便于架面的管理。在去除萌蘗时，对于较衰弱的植株要注意选留旺盛的萌蘗枝作预备主蔓，不可尽数去除，否则不利于主蔓的更新。

第六章

五味子病虫害及防治

近年来随着栽培面积日益增加，五味子病虫危害逐年加重，已经成为五味子生产健康发展的关键限制因素。五味子病害较多，其中侵染性病害主要有五味子白粉病、五味子茎基腐病、五味子叶枯病；非侵染性病害主要包括日灼、霜冻、药害等。虫害主要包括柳蝙蛾、女贞细卷蛾、美国白蛾、康氏粉蚧、黑绒金龟等。

一、主要侵染性病害

（一）五味子白粉病

白粉病是严重危害五味子的病害之一。近年来在辽宁、吉林、黑龙江等省的五味子主产区大面积发生和流行，受害苗圃发病率达 100%，病果率可达 10%～25%，严重影响了五味子的产量。

1. 症状　白粉病危害五味子的叶片、果实和新梢，以幼叶、幼果发病最为严重，往往造成叶片干枯，新梢枯死，果实脱落。

叶片受害初期，叶背面出现针刺状斑点，逐渐上覆白粉（菌丝体、分生孢子和分生孢子梗），严重时扩展到整个叶片，病叶由绿变黄，向上卷缩，枯萎而脱落。幼果发病先是靠近穗轴开始，严重时逐渐向外扩展到整个果穗，病果出现萎蔫、脱落，在果梗和新梢上出现黑褐色斑。发病后期在叶背的主脉、支脉、叶柄及新梢上产生大量小黑点，为病菌的闭囊壳。

2. 病原　经鉴定该病原有性态为五味子叉丝壳菌（*Microsphaera schizandrae* Sawada），子囊菌亚门、叉丝壳属真菌。该菌为外寄生菌，病部的白色粉状物即为病菌的菌丝体、分生孢子及分生孢子梗。菌丝体叶两面生，也生于叶柄上。分生孢子单生，无色，椭圆形、卵形或近柱形，$24.2\sim38.5\mu m\times11.6\sim18.8\mu m$。闭囊壳散生至聚生，扁球形，暗褐色，直径 $92\sim133\mu m$，附属丝 $7\sim18$ 根，多为 $10\sim14$ 根，长 $93\sim186\mu m$，为闭囊壳直径的 $0.8\sim1.5$ 倍，基部粗 $8.0\sim14.4\mu m$，直或稍弯曲，个别曲膝状。外壁基部粗糙，向上渐平滑，无隔或少数中部以下具 1 隔，无色，或基部、隔下浅褐色，顶端 $4\sim7$ 次双分叉，多为 $5\sim6$ 次，子囊 $4\sim8$ 个，椭圆形、卵形、广卵形，$54.4\sim75.6\mu m\times32.0\sim48.0\mu m$，子囊孢子 $3\sim7$ 个，无色，椭圆形、卵形，$20.8\sim27.2\mu m\times12.8\sim14.4\mu m$。

3. 发病规律　高温干旱有利于白粉病发病。在我国东北地区，发病始期在 5 月下旬至 6 月初，6 月下旬达到发病盛期（如不遇干旱高温天气发病多在 7 月上、中旬）。从植株发病情况看，枝蔓过密、徒长、氮肥施用过多和通风不良的都有利于此病的发生。

五味子叉丝壳菌以菌丝体、子囊孢子和分生孢子在田间病残体内越冬。次年 5 月中旬至 6 月上旬，平均温度回升到 $15\sim20^\circ\mathrm{C}$，田间病残体上越冬的分生孢子开始萌动，借助降雨和结露开始萌发，侵染植株，田间病害始发。7 月中旬为分生孢子扩散的高峰期，病叶率、病茎率急剧上升，果实大量发病。10 月中旬气温明显下降，五味子叶片衰老脱落，病残体散落在田间，病残体上所携带的病菌进入越冬休眠期。

在自然条件下，越冬病菌产生分生孢子借气流传播不断引起再侵染，病害得以发展；人为条件下，感染白粉病的种苗、果实在车、船等运输工具的转运下，使五味子白粉病实现地区间的远距离扩散，是该病最主要的传播途径。

4. 防治技术

（1）加强栽培管理　注意枝蔓的合理分布，通过修剪改善架面通风透光条件。适当增加磷、钾肥的比例，以提高植株的抗病力，增强树势。清除菌源，结合修剪清理病枝病叶，发病初期及时剪除病穗，拣净落地病果，集中烧毁或深埋，减少病菌的侵染来源。

（2）**药剂防治**　在 5 月下旬喷洒 1：1：100 倍等量式波尔多液进行预防，如没有病情发生，可 7～10d 喷 1 次。发病后可选用 0.3～0.5 波美度石硫合剂、25％粉锈宁可湿性粉剂 800～1 000 倍液、甲基托布津可湿性粉剂 800～1 000 倍液，每 7～10d 喷 1 次，连续喷 2～3 次，防治效果很好。还可选用 40％硫磺胶悬剂 400～500 倍液、15％三唑酮乳油 1 500～2 000 倍液喷雾、25％嘧菌酯水悬浮剂 1 500 倍液、50％醚菌酯干悬浮剂 3 000～4 000 倍液喷雾，隔 7～10d 喷 1 次，连喷 2 次。也可选用仙生、腈菌脞、翠贝等杀菌剂进行防治。

（二）五味子茎基腐病

五味子茎基腐病可导致植株茎基部腐烂、根皮脱落，最终整株枯死。随着五味子人工栽培面积的日益扩大，五味子茎基腐病也呈上升趋势，一般发病率为 2％～40％，重者甚至高达 70％以上，是一种毁灭性的病害，严重影响五味子产业的健康发展。

1. 症状　五味子茎基腐病在各年生植株上均有发生，但以一至三年生发生严重。从茎基部或根、茎交接处开始发病。发病初期叶片萎蔫下垂，似缺水状，但不能恢复，叶片逐渐干枯，最后，地上部全部枯死。在发病初期剥开茎基部皮层，可发现皮层有少许黄褐色，后期病部皮层腐烂，变深褐色，且极易脱落。病部纵切剖视，维管束变为黑褐色。条件适合时，病斑向上、向下扩展，可导致地下根皮腐烂、脱落。湿度大时病部可见粉红色或白色霉层，挑取少许显微观察可发现有大量镰刀菌孢子。

2. 病原　经初步分离培养鉴定，该病由 4 种镰刀菌属真菌引起，分别为木贼镰刀菌（*Fusarium equiseti*）、茄腐镰刀菌（*Fusarium solani*）、尖孢镰刀（*Fusarium oxysporum*）和半裸镰刀菌（*Fusarium semitectum*）。这几种菌一般在病株中都可以分离到，在不同地区比例有所差异。

3. 发病规律　该病以土壤传播为主。一般在 5 月上旬至 8 月下旬均有发生。5 月初病害始发，6 月初为发病盛期。高温、高湿、

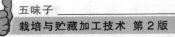
多雨的年份发病重，并且雨后天气转晴时病情呈上升趋势。地下害虫、土壤线虫和移栽时造成的伤口以及根系发育不良均有利于病害发生。冬天持续低温造成冻害易导致次年病害严重发生。生长在积水严重的低洼地中的五味子容易发病。

苗木假植期间土壤中的病原菌容易侵入植株，导致植株携带病原菌。五味子在移栽过程中易造成伤口并且有较长一段时间的缓苗期，在此期间植株长势很弱，病菌很容易侵染植株。随着生长，韧皮部加厚，枝干变粗，树势增强，病菌难以侵入。但是，在五味子种植区多年生的五味子也有不同程度的发病。因而，在相同栽培条件下，二年生五味子发病最严重，三年生次之，四年生及四年以上的五味子发病最轻。

4. 防治技术

（1）田间管理　注意田间卫生，及时拔除病株，集中烧毁。用50％多菌灵 600 倍液灌淋病穴。适当施氮肥，增施磷、钾肥，提高植株抗病力。雨后及时排水，避免田间积水。避免在前茬镰刀菌病害严重的地块上种植五味子。

（2）种苗消毒　选择健康无病的种苗。栽植前种苗用 50％多菌灵 600 倍液或代森锰锌 600 倍药液浸泡 4h。

（3）药剂防治　此病应以预防为主。在发病前或发病初期用50％多菌灵可湿性粉剂 600 倍液喷施，使药液能够顺着枝干流入土壤中，每 7～10d 喷雾 1 次，连续喷 3～4 次，或用绿亨 1 号（恶霉灵）4 000 倍液灌根。

（三）五味子叶枯病

该病是五味子的一种常见病害，广泛分布于辽宁、吉林、黑龙江等省的五味子产区，可造成早期落叶、落果、新梢枯死、树势衰弱、果实品质下降、产量降低等严重后果。

1. 症状　从植株基部叶片开始发病，逐渐向上蔓延。病斑多数从叶尖或叶缘发生，然后扩向两侧叶缘，再向中央扩展逐渐形成褐色的大斑块。随着病情的进一步加重，病部颜色由褐色变成黄褐色，病叶干枯破裂而脱落，果实萎蔫皱缩。

2. 病原 分生孢子梗多单生或少数数根簇生，直立或略弯曲，淡褐色或暗褐色，基部略膨大，有隔膜，（25.0～70.0）$\mu m \times$（3.5～6.0）μm。分生孢子褐色，多数为倒棒形，少数为卵形或近椭圆形，具3～7个横隔膜，1～6个纵（斜）隔膜，隔膜处缢缩，大小为（22.5～47.5）$\mu m \times$（10.0～17.5）μm。喙或假喙呈柱状，浅褐色，有隔膜，大小为（4.0～35.0）$\mu m \times$（3.0～5.0）μm。根据菌株的形态特征，结合致病性测定，确认引起五味子叶枯病的病原菌为细极链格孢 [*Alternaria tenuissima*（Fr.）Wiltshire]。

3. 发病规律 该病多从5月下旬开始发生，6月下旬至7月下旬为发病高峰期。高温高湿是病害发生的主导因素，结果过多的植株和夏秋多雨的地区或年份发病较重；同一园区内地势低洼积水以及喷灌处发病重；果园偏施氮肥，架面郁闭时发病亦较重。不同品种间感病程度也有差异，有的品种极易感病且发病严重，有的品种抗病性强，发病较轻。

4. 防治技术

（1）**加强栽培管理** 注意枝蔓的合理分布，避免架面郁闭，增强通风透光。适当增加磷、钾肥的比例，以提高植株的抗病力。

（2）**药剂防治** 在5月下旬喷洒1∶1∶100倍等量式波尔多液进行预防。发病时可用50%代森锰锌可湿性粉剂500～600倍液喷雾防治，每7～10d喷1次，连续喷2～3次。也可选用2%农抗120水剂200倍液、10%多抗霉素可湿性粉剂1 000～1 500倍液、25%嘧菌酯水悬浮剂1 000～1 500倍液喷雾，隔10～15d喷1次，连喷2次。

二、非侵染性病害

（一）日灼

五味子果实日灼是一种常见的生理病害，每年都会给生产造成一定的损失。随着全球气候变暖，这种病害有逐年加重的趋势。

1. 症状 五味子日灼主要为害果实。一般日灼部位常显现疱疹状、枯斑下陷、革质化、病斑硬化或果肉组织出现枯斑。受害果粒表面初期变白，随后变为黑黄色至褐色。当日灼发生严重时，果肉组织出现凹陷的坏死斑，局部果肉出现坏死组织，受害处易遭受其他果腐病菌的侵染而引起果实腐烂。

2. 发生原因 五味子日灼病发生的直接原因主要归结为热伤害和紫外线辐射伤害。其中热伤害是指果实表面高温引起的日灼，与光照无关；而紫外线辐射伤害是由紫外线引起的日灼，一般会导致细胞溃解。日灼病的发生与温度、光照、相对湿度、风速、品种、果实发育期及树势等许多因素有关，温度和光照是主要影响因子。

（1）**温度** 气温是影响五味子果实日灼的重要因素。在阳光充足的高温夏日，五味子果实表面温度可达到 40～50℃，远远高出当日最高气温。引起日灼的临界气温为 30～32℃，而且随着环境温度的升高，发生日灼的时间缩短，日灼的危害程度随之增加。

（2）**光照** 光照强度和紫外线都是影响五味子果实日灼的重要因素。在自然条件下，接受到光照的果实将一部分光能转化为热能，从而提高了果实的表面温度，加上高温对果实的增温作用，共同致使果面达到日灼临界温度，从而诱导果实日灼的发生。

3. 发生规律 6～9 月都有发生，7～8 月为日灼的发生高峰期。果实日灼发生的高峰期总是与一年中气温最高的时段相吻合。在气温较高的前提下，如果遇上晴天就极易导致日灼的发生，而气温较低的晴天，日灼的发生率则低。

另外，在相对湿度越低的情况下，果实日灼的发生率越高；风速可以通过调节蒸腾改变果实温度，微风可以降低果实表面温度从而降低日灼的发生率；不同的品种对日灼的敏感性有所不同；果实在不同发育期对日灼的抗性有所不同，随着果实的成熟，对日灼的敏感性也随之下降；在同一果园内树势强者日灼的发生率低，树势弱者发病重。

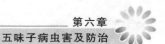

4. 防治技术 加强栽培管理，增强树势，合理调节叶果比。施肥时应注意防止过量施用氮肥。多施用有机肥，提高土壤保水保肥能力，促进植株根系向纵深发展，提高植株抗旱性。在修剪时应注意适当多留枝叶，以尽量避免果实直接暴露在直射阳光下。同时，根据合理的枝果比、叶果比及时疏花疏果。在高温天气来临前，通过冷凉喷灌能使果实表面温度下降，可以有效避免日灼发生。可采用果实套袋的方式降低日照强度以及果实表面温度，从而降低果实日灼率。

（二）霜冻

大面积人工栽培的五味子因园地选择、栽培技术或气候条件等因素导致的霜冻伤害对产量影响很大。

1. 症状 东北五味子产区每年都发生不同程度的霜冻危害。轻者枝梢受冻，重者可造成全株死亡。受害叶片初期出现不规则的小斑点，随后斑点相连，发展成斑驳不均的大斑块，叶片褪色，叶缘干枯。发病后期幼嫩的新梢严重失水萎蔫，组织干枯坏死，叶片干枯脱落，树势衰弱。

2. 发病原因 首先是气温的影响。春季五味子萌芽后，若夜间气温急剧下降，水气凝结成霜使植株幼嫩部分受冻。霜冻与地形也有一定的关系，由于冷空气比重较大，故低洼地常比平地降温幅度大，持续时间也更长，有的五味子园因选在霜道上，或是选在冷空气容易凝聚的沟底谷地，则很容易受到晚霜的危害。

3. 发病规律 3～5月为该病的发病高峰期。在辽东山区每年5月都有一场晚霜，此间低洼地栽培的五味子易受冻害。不同的五味子品种，其耐寒能力有所不同，萌芽越早的品种受晚霜危害越重，减产幅度也越大。树势强弱与冻害也有一定关系，弱树受冻比健壮树严重；枝条越成熟，木质化程度越高，含水量越少，细胞液浓度越高，积累淀粉也越多，耐寒能力越强。另外，管理措施不同，五味子的受害程度也不同，土壤湿度较大，实施喷灌的五味子园受害较轻，而未浇水的园区一般受害严重。

4. 防治技术

（1）科学建园　选择向阳缓坡地或平地建园，要避开霜道和沟谷，以避免和减轻晚霜危害。

（2）地面覆盖　利用玉米秸秆等覆盖五味子根部，阻止土壤升温，推迟五味子展叶和开花时期，避免晚霜危害。

（3）烟熏保温　在五味子萌芽后，要注意收听当地的气象预报，在有可能出现晚霜的夜晚当气温下降到1℃时，点燃堆积的潮湿树枝、树叶、木屑、蒿草，上面覆盖一层土以延长燃烧时间。放烟堆要在果园四周和作业道上，要根据风向在上风口多设放烟堆，以便烟气迅速布满果园。

（4）喷灌保温　根据天气预报可采用地面大量灌水、植株冠层喷灌保温。

（5）喷施药肥　生长季节合理施氮肥，促进枝条生长，保证树体生长健壮，后期适量施用磷钾肥，促使枝条及早结束生长，有利于组织充实，延长营养物质积累时间，从而能更好地进行抗寒锻炼。喷施防冻剂和磷钾肥，可预防2～5℃低温5～7d。

（三）药害

1. 发生原因　五味子药害主要由于除草剂漂移引起，目前引起五味子发生药害的主要为2，4－D丁酯等农田除草剂。植株症状明显，如枯萎、卷叶、落花、落果、失绿、生长缓慢等，生育期推迟，重症植株死亡。2，4－D丁酯是目前玉米等禾本科农作物广为使用的除草剂。2，4－D丁酯（英文通用名为2，4－D butylate）为苯氧乙酸类激素型选择性除草剂，具有较强的挥发性，药剂雾滴可在空中漂移很远，使敏感植物受害。根据实地调查发现，在静风条件下，2，4－D丁酯产生的漂移可使200m以内的敏感作物产生不同程度的药害；在有风的条件下，它还能够越过像大堤之类的建筑，其药液飘移距离可达1 000m以上。

2. 预防对策及补救措施

（1）搞好区域种植规划　在种植作物时要统一规划，合理布局。五味子要集中连片种植，最好远离玉米等作物。在临近五味子园 2 000m 以内严禁用具有飘移药害除草剂进行化学除草，在安全距离之内也要在无风低温时使用。

（2）施药方法要正确　玉米田使用除草剂要选择无风或微风天气，用背负式手动喷雾器高容量均匀喷洒，施药时应尽量压低喷头，或喷头上加保护罩做定向喷洒，一般每 667m² 用水 40～50kg。

（3）及时排毒　注意邻近田间除草剂使用动向，飘移性除草剂使用量过大时要尽早采取排毒措施，方法是在第一时间用水淋洗植株，减少粘在植株上的药物。

（4）使用叶面肥及植物生长调节剂　一旦发现五味子发生轻度药害，应及时有针对性地喷洒叶面肥及植物生长调节剂。植物生长调节剂对农作物的生长发育有很好的刺激作用，同时，还可利用锌、铁、钼等微肥及叶面肥促进作物生长，有效减轻药害。一般情况下，药害出现后，可喷施 1%～2% 尿素、0.3% 磷酸二氢钾等速效肥料，促进五味子生长，提高抗药能力。常用植物生长调节剂主要有赤霉素、天丰素等，要害严重时可喷施 10～40mg/kg 的赤霉素或 1mg/kg 的天丰素，连喷 2～3 次，并及时追肥浇水，可有效加速受害作物恢复生长。

三、主要虫害

（一）柳蝙蛾

1. 为害症状　此害虫以其幼虫为害幼树枝干，直接蛀入树干或树枝，啃食木质部及蛀孔周围的韧皮部，绝大多数向下蛀食坑道，边蛀食边用口器将咬下的木屑送出粘于坑道口的丝网上。从外观可见有丝网粘满木屑缀成的木屑包。幼虫隐蔽在坑道中生活，其蛀孔常在树干下部、枝杈或腐烂的皮孔处，不易被发现，又因其钻蛀性强，造成坑道面积较大，致使果实产量质量降低。尤其对幼树危害最重，轻则阻滞养分、水分的输送造成树势衰弱，重则失去主枝，且常因虫孔原因，使雨水进入而引起病腐。

2. 形态特征 柳蝙蛾（*Phassus excrescens* Butler）属鳞翅目、蝙蝠蛾科。成虫茶褐色，翅长 66～70mm。触角较短，后翅狭小，腹部长大。体色变化较大，初羽化的成虫由绿褐色到粉褐色，稍久变成茶色。前翅前缘有 7 枚近环状的斑纹，中央有一个深色稍带绿色的三角形斑纹，斑纹的外缘由并列的模糊不清的括弧形斑纹组成一条宽带，直达翅缘。前、中足发达，爪较长，借以攀缘物体。雄蛾后足腿节背后长有橙黄色刷状长毛，雌蛾则无。卵球形，0.6～0.7mm，初产下时乳白色，渐变深，无黏着性，散落于地表。幼虫头部蜕皮时红褐色，以后变成黑褐色，腹部乳白色，圆筒形，各节背面生有黄褐色硬化的毛斑，成熟幼虫体长平均 50mm。蛹圆筒形，黄褐色，头顶深褐色，中央隆起，形成一条纵脊，两侧生有数根刚毛，触角上方中央有 4 个角状突起，腹部背面有倒刺。

3. 发生规律 调查结果表明，柳蝙蛾以卵在地面越冬或以幼虫在树干或枝条的髓心部越冬。卵于第二年 5 月中旬开始孵化。初龄幼虫以腐殖质为食，6 月上旬向当年新发嫩枝转移为害 10～15d，即陆续迁移到粗的侧枝上为害，7 月末开始化蛹，8 月下旬开始出现成虫，9 月中旬为羽化盛期。成虫羽化后就开始产卵，以卵越冬。

调查中发现，幼虫主要钻蛀主干基部，多数在枝径 2cm 左右的侧枝上危害，也有的在主干中部危害。一般一株树 1 头，各自的虫道平行发展，有的在髓部，也有的在木质部。幼虫啃食虫道口边材，虫道口常呈现环形凹陷，有咬下的木屑和幼虫排物。其危害与树龄、树势和经营管理有很大关系。管理粗放、种植密度大的园区受害重；山脚、山谷受害重，背风处受害重，阴坡比阳坡受害重；幼龄树比成年树受害重。

4. 防治技术 进入 7 月是杀灭柳蝙蛾幼虫的关键期，用 80％敌敌畏乳油 500 倍液注入钻蛀孔中后封洞，杀虫效果显著。利用黑光灯诱杀成虫。

（二）女贞细卷蛾

1. 为害症状 以幼虫为害五味子果实、果穗梗、种子。幼虫蛀入果实在果面上形成 1～2mm 疤痕，取食果肉，虫粪排在果外，受害果实变褐腐烂，呈黑色干枯，僵果留在果穗上。啃食果穗梗形成长短不规则凹痕。幼虫取食果肉到达种子后，咬破种皮，取食种仁，整个果实仅剩果皮和种壳，致使产量下降、药用品质变劣。

2. 形态特征　女贞细卷蛾（*Eupoecilia ambiguella* Hübner）属鳞翅目、卷蛾科。成虫头部有淡黄色丛毛，触角褐色，唇须前伸，第二节膨大，有长鳞毛，第三节短小，外侧褐色、内侧黄色。雄蛾体长 6～7mm，翅展 10～12mm；雌蛾体长 8～9mm，翅展 12～14mm。前翅前缘平展，外缘下斜，前翅银黄色，中央有黑褐色宽中带 1 条，后翅灰褐色。前、中足胫及跗节褐色，有白斑；后足黄色，跗节上有淡褐斑。卵近椭圆形，0.6～0.8mm，扁平，中间凸起，初产时淡黄色，半透明，近孵化期显现出黑色头壳。初龄幼虫淡黄色。老熟幼虫浅黄色至桃红色，少见灰黄色，体长 9～12mm，头较小，黄褐色至褐色，前胸背板黑色，臀板浅黄褐色，臀栉发达，为 5～7 个。蛹体长 6～8mm，浅黄至黄褐色，第一腹节背面无刺，第二至第七节前缘有一列较大的刺，后缘有一列较小的刺，第八腹节背面只有一列较大的刺，末端有钩状刺毛 8～10 个。

3. 发生规律　调查结果表明，女贞细卷蛾主要以蛹卷叶落于地表越冬。越冬代成虫于 5 月中下旬出现，5 月下旬至 6 月上旬为羽化盛期，6 月下旬为末期。成虫 5 月中下旬开始产卵，产卵盛期为 5 月下旬至 6 月上旬，6 月初卵孵化盛期。第一代幼虫 5 月下旬开始蛀果，6 月上中旬为害盛期，7 月中旬为害末期。6 月中旬幼虫逐渐老熟化蛹，6 月下旬开始羽化，并始见第二代卵，7 月上中旬羽化盛期，一直持续到 8 月下旬停止羽化。产卵盛期 7 月上中旬，8 月上中旬产卵末期。第二代幼虫 7 月上旬开始蛀果，7 月下旬至 8 月上旬为害盛期，8 月下旬五味子采收期果内尚有未老熟的幼虫。

4. 防治技术　防治女贞细卷蛾可用灯光诱杀成虫，及时摘除虫果深埋。当田间观测卵果率达 0.5％～1.0％时，用 20％速灭杀丁或 5％来福灵乳油 2 000～3 000 倍液喷施，15～20d 1 次，整个生育期喷施 2～4 次，防治效果可达 90％以上。利用黑光灯诱杀成虫。

（三）美国白蛾

1. 为害症状　美国白蛾幼虫食性杂，繁殖量大，适应性强，传播途径广，危害多种林木和果树，树叶吃光后就为害附近的农作物、蔬菜及野生植物。在幼虫期有结织白色网幕群居的习性，1～3 龄群集取食寄主叶背的叶肉组织，留下叶脉和上表皮，使被害叶片呈白膜状，4 龄开始分散，同时不断吐丝将被害叶片缀合成网幕，网幕随龄期增大而扩展。5 龄以后开始抛弃网幕分散取食，食量大增，仅留叶片的主脉和叶柄。调查发现，该虫严重为害五味子叶片，当虫口密度较大时，能在几天内将受害植株叶片全部吃光，严重影响植株正常生长发育，如不及时防治会造成整株枯死，损失严重，应引起高度重视。

2. 形态特征　美国白蛾（*Hyphantria cunea* Drury）属鳞翅目、灯蛾科，是世界性的检疫害虫。成虫白色，体长 9～17mm，翅展 25～45mm。雄蛾触角呈双栉齿状，雌蛾触角呈锯齿状。越冬代雄蛾前翅多有暗色斑点，第一代雄蛾前翅只少数个体具暗色斑点。前足基节及腿节端部为橘黄色，胫节和跗节大部分为黑色。前足跗节的前爪长而弯，后爪短且直。卵呈球形，直径 0.4～0.5mm。初孵卵淡绿色或黄绿色，有光泽，表面具多数规则的小凹刻，孵化前变黑褐色。未受精卵变黄色。老熟幼虫体长 22～37mm，体色多变化，多为黄绿至灰黑色，体侧线至背面有灰褐色纵带，体侧及腹面灰黄色，背中线、气门上线、气门下线均为浅黄色；背部毛瘤黑色，体侧毛瘤橙黄色，毛瘤上生有白色长毛丛，杂有黑毛，有的为棕褐色毛丛。蛹长纺锤形，初化蛹浅褐色，后变暗红褐色。

3. 发生规律　调查结果表明，美国白蛾以蛹越冬。翌年 5 月上、中旬蛹开始羽化出第一代成虫，5 月下旬至 6 月初是羽化高峰期，羽化期一般延续到6月中旬结束。6月上旬是幼虫网幕始见期，6月下旬至7月初是网幕盛发期，7月中旬老熟幼虫开始化蛹，蛹期延续到8月初结束。第二代成虫于7月下旬开始出现，7月末至8月初是成虫羽化高峰期，羽化期到8月中旬结束；幼虫始见期在8月初，8月下旬至9月初是网幕盛发期，此期是美国白蛾全年危害最严重的时期，若不及时防治，可造成整株树树叶被吃光的现象。9月中旬老熟幼虫开始化蛹，10月中旬化蛹结束。调查中还发现美国白蛾出现世代重叠现象，7月下旬至8月下旬世代重叠现象较为严重，可以同时见到卵、初龄幼虫、老龄幼虫、蛹及成虫。

4. 防治技术　6月上旬至7月下旬，防治美国白蛾可在其幼虫网幕期每隔2～3d仔细查找一遍美国白蛾网幕。发现后及时剪下，不要造成破网，剪下的网要及时烧毁或深埋；每晚8时至次日4时设黑光灯诱杀成虫；在盛卵期至幼虫破网前喷洒灭幼脲3号3 000倍液，防治效果较好。7月下旬至9月上旬应在捕杀成虫、人工剪除网幕的同时继续使用灭幼脲3号进行防治。当幼虫破网分散危害后，需喷洒速效药剂，避免树叶被吃光，选用1.2％烟参碱乳油1 000倍液（植物源杀虫剂）防治效果最好。

（四）康氏粉蚧

1. 为害症状　主要以成虫、若虫的刺吸式口器吸食树体汁液，常造成嫩枝和根部肿胀以及果实腐烂，并被有白色蜡粉。调查中发现康氏粉蚧严重危害五味子的枝、梢、叶、果，受害植株枝干以及叶片布满蚧壳，树体代谢受阻、枝梢萎蔫、大量落果，对产量影响极大。

2. 形态特征　康氏粉蚧（*Pseudococcus comstocki* Kuwana）属同翅目、粉蚧科。雌成虫椭圆形，较扁平，体长3～5mm，粉红色，体被白色蜡粉，体缘具17对白色蜡刺，腹部末端1对几乎与体长相等。触角多为8节。腹裂1个，较大，椭圆形。肛环具6根肛环刺。臀瓣发达，其顶端生有1根臀瓣刺和几根长毛。多孔腺分布在虫体背、腹两面。刺孔群17对，体毛数量很多，分布在虫体

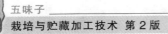

背腹两面，沿背中线及其附近的体毛稍长。雄成虫体紫褐色，体长约 1mm，翅展约 2mm，翅 1 对，透明。卵椭圆形，浅橙黄色，卵囊白色絮状。若虫椭圆形，扁平，淡黄色。蛹淡紫色，长 1.2mm。

3. 发生规律　康氏粉蚧以卵在枝干缝隙或植株基部附近的土块缝中越冬。翌年 5 月，气温回升，树叶长出，越冬卵开始孵化，然后向上爬到嫩枝、叶片处取食。5 月下旬，若虫已进入 2 龄，身体上白色蜡粉加厚。二龄雄虫开始在叶柄凹入处聚集，分泌蜡丝作茧化蛹。与此同时，雌若虫经过 3 龄进入成虫期。雌、雄成虫完成交尾，雄成虫即死去。随后受精雌成虫开始聚集于叶柄、叶背等处分泌蜡丝作卵囊产卵。6 月初进入产卵盛期，6 月下旬进入孵化盛期。第二代成虫于 7 月下旬进入羽化盛期。第三代成虫于 9 月中旬进入羽化盛期，进入 10 月以后受精雌成虫沿树干向下爬，寻找适宜产卵或越冬场所。

康氏粉蚧在多年生五味子园内危害严重，在二、三年生五味子园很少发生；种植密度大的园区虫口密度大于稀植园区；同一果园内，树势弱、地势低洼、靠沟渠边的五味子植株易受其害且发生严重。

4. 防治技术　防治康氏粉蚧可选用 40％乐斯本乳油 1 500 倍液、52.25％农地乐乳油 1 500 倍液、3％莫比朗乳油 1 500 倍液、40％速扑杀乳油 1 000～1 500 倍液、25％蚧死净乳油 1 000～1 200 倍液。并兼治桑白蚧、吹绵蚧、苹果球蚧。

（五）黑绒金龟

1. 为害症状　此虫食性杂，可取食 150 种植物的芽叶。主要以成虫为害植物的嫩叶和幼芽，对幼树、幼苗危害严重。幼虫以腐殖质及嫩根为食，对农作物及苗木根系造成伤害。

2. 形态特征　黑绒金龟（*Maladera orientalis* Motschulsky）属鞘翅目、金龟科。成虫体 6～9mm，宽 3.5～5.5mm，椭圆形，褐色或棕褐色至黑褐色，密被灰黑色绒毛，略具光泽。卵椭圆形，初乳白色后变灰白色。幼虫体长 14～16mm，头部黄褐色，体黄白色。蛹长 8～9mm，初黄色，后变黑褐色。

3. 发生规律　黑绒金龟以成虫在土中越冬，翌年 4 月出土活动。成虫趋光性强，利用黑光灯在发生期可诱到大量成虫。一天中，成虫上午和夜间潜伏在浅层土壤中，多在黄昏时大量出土活动，出土时间较集中。成虫的出土活动受气象条件影响较大，气温过低、降雨都不出土。成虫出土高峰前都伴有降雨日，具有雨后出土习性。成虫具有假死性，植物稍受振动即可落地假死。

4. 防治技术　5 月初至 6 月上旬，当黑绒金龟成虫量较大时，用 40％乐果或氧化乐果乳油 800 倍液或 90％敌百虫 1 000 倍液喷雾。也可采用灯光诱杀，每 2.6～3.3hm² 设置 20W 黑光灯 1 盏，诱杀成虫。也可利用成虫假死性振树除虫。

（六）苹果大卷叶蛾

1. 为害症状　此虫在国内分布广，遍及东北、华北、华中、华东和西北等地区。以幼虫为害嫩叶、新芽，稍大卷叶；食叶肉使叶呈纱网状和孔洞，并啃食贴叶果的果皮，形成不规则形凹疤，多雨时常腐烂脱落。

2. 形态特征　苹果大卷叶蛾（*Choristoneura longicellana* Walsingham）又名黄色卷蛾，属鳞翅目、卷蛾科。

成虫形态特征：体长 10～13mm，翅展 24～30mm，体浅黄褐至黄褐色略具光泽，触角丝状，复眼球形褐色。前翅呈长方形，前缘拱起，外缘近顶角处下凹，顶角突出。后翅灰褐或浅褐，顶角附近黄色。雄体略小，头部有淡黄褐鳞毛。前翅近四方形，前缘褶很长外缘呈弧形拱起，顶角钝圆，前翅浅黄褐色，有深色基斑和中带，前翅后缘 1/3 处有一黑斑，后翅顶角附近黄色。

卵形态特征：扁椭圆形，深黄色，近孵化时稍显红色。卵粒排列成鱼鳞状卵块，较棉褐带卷蛾大而厚。

幼虫形态特征：体长 23～25mm。幼龄幼虫淡黄绿色，老熟幼虫深绿色而稍带灰白色。毛瘤大，刚毛细长。头、前胸背板和胸足黄褐色，前胸背板后缘黑褐色。臀栉 5 根。雄体背色略深。蛹形态特征：体长 10~13mm，深褐色，腹部 2~7 节背面两横排刺突大小一致，均明显。尾端有 8 根钩状刺。

3. 发生规律　苹果大卷叶蛾以幼龄幼虫在粗翘皮下和贴枝枯叶下结白色丝茧越冬，也有少数以蛹越冬。老熟幼虫在卷叶内化蛹。蛹经 6~9d 羽化出成虫。成虫有趋光性并喜食糖醋液，白天潜伏，夜间活动。在辽宁南部地区越冬代成虫发生期 6 月上旬至 6 月下旬，盛期 6 月中旬；第一代成虫在 8 月发生，8 月中旬为盛期。成虫产卵于叶片上。卵经 5~8d 孵化。第二代幼龄幼虫于 10 月份到越冬场所越冬。

4. 防治技术　可用 40%乐斯本乳油 1 500 倍液、20%速灭杀丁乳油 3 000~3 500 倍液、10%天王星乳油 4 000 倍液或 52.25%农地乐乳油 1 500 倍液杀灭苹果大卷叶蛾并兼治蓑蛾、介壳虫。利用黑光灯诱杀成虫。

（七）外斑埃尺蛾

1. 为害症状　该虫食性杂，可同时危害多种林木、作物和果树。初孵幼虫取食叶肉，残留叶脉，食量随虫龄增大而增加，老熟幼虫蚕食叶片。该虫具有暴食性，大发生时，能在短时间内将整树叶片吃光，如不及时控制，一年内可将叶片吃光 2~3 次，造成树木上部乃至整株枯死，对植株生长造成严重危害。

2. 形态特征　外斑埃尺蛾（*Ectropis excellens* Butler）属鳞翅目、尺蛾科。成虫体长 14~16mm，翅展 38~47mm。雄蛾触角微栉齿状，雌蛾丝状。体灰白色，腹部第一、二节背板上各有 1 对褐斑。前翅内横线褐色、波状，中横线不明显，外横线明显波状，中部位于中室端外侧有一深褐色近圆形大斑，外缘近顶角处有明显褐斑。各横脉于翅前缘处扩大成斑，翅外缘有小黑点列。卵椭圆形，横径 0.8mm，青绿色。老熟幼虫体长约 35mm，体色变化大，有茶褐、灰褐、青褐等色。体上有各种形状的灰黑色条纹和斑块。中胸至腹部第八节两则各有 1 条断续的褐色侧线。蛹红褐色，纺锤形，体长 14~16mm，宽约 5mm。

3. 发生规律 外斑埃尺蛾以蛹在寄主四周土中 1～2cm 深处越冬，次年 3～4 月成虫羽化，出土产卵。卵期 15d 左右，幼虫期25d 左右，蜕皮 4 次，共有 5 龄。5 月上旬老熟幼虫落地，入土化蛹，蛹 10d 左右羽化为第一代成虫，成虫寿命 5d 左右。第二代成虫 7 月上、中旬出现，第三代成虫 8 月中、下旬发生，第四代幼虫危害至 9 月中、下旬相继老熟，入土化蛹越冬。成虫傍晚前后羽化，趋光性极强，羽化当晚即行交尾、产卵。卵多产于树干基部2m 以下老皮缝内，堆积成块状。幼虫孵化后沿树干、枝条向叶片转移。幼虫白天栖息时，以尾足固着枝条，头部昂起，斜立空中，如枝条状，夜间喜在树冠上部和外围枝条上取食。

4. 防治技术 7 月下旬至 9 月上旬为外斑埃尺蛾的大发生期，需喷洒 25％灭幼脲 3 号胶悬剂 1 200～1 500 倍液杀灭幼虫。利用黑光灯诱杀成虫。

（八）大青叶蝉

1. 为害症状 此虫在全国各地均有发生，以华北、东北危害较为严重。该虫属多食性害虫，可危害多种作物和果树。成虫和若虫以刺吸式口器为害植物的枝、梢、叶。在五味子幼树上发生尤为严重，可造成枝条、树干大量失水，生长衰弱，甚至枯萎。

2. 形态特征 大青叶蝉（*Cicadella viridis* Linnaeus）属同翅目、叶蝉科。成虫体长 7～10mm，体青绿色，头橙黄色。前胸背板深绿色，前缘黄绿色，前翅蓝绿色，后翅及腹背黑褐色。足 3对，善跳跃，腹部两侧、腹面及足均为橙黄色。卵为长卵形，一端略尖，中部稍凹，长 1.6mm，初产时乳白色，以后变为淡黄色，常以 10 粒左右排在一起。若虫初期为黄白色，头大腹小，胸、腹背面看不见条纹，3 龄后为黄绿色，并出现翅芽。老龄若虫体长6～7mm。胸腹呈黑褐色，形似成虫，但无发育完整的翅。

3. 发生规律 大青叶蝉以卵在枝条或树木表皮下越冬。第二年树木萌动时卵孵化，第一代成虫羽化期为 5 月上中旬，第二代为6 月末至 7 月中旬，第三代为 8 月中旬至 9 月中旬，10 月中下旬产

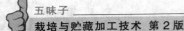

卵越冬。成虫趋光性强，夏季气温较高的夜晚表现更显著，每晚可诱到数千头。非越冬代成虫产卵于寄主叶背主脉组织中，卵痕如月牙状。若虫孵化多在早晨进行，初孵若虫喜群居在寄主枝叶上，十多个或数十个群居于一片叶上危害，后再分散危害。早晚气温低时，成若虫常潜伏不动，午间气温高时较为活跃。

4. 防治技术 7 月下旬至 9 月上旬是防治大青叶蝉的关键时期，可选用 2.5% 敌杀死乳油 800～1 000 倍液或 1.2% 苦·烟乳油稀释 800～1 000 倍液喷雾防治。

第七章

五味子的采收及
贮藏加工技术

一、五味子的采收、初加工（干制）及贮藏运输

（一）五味子的采收

1. 采收时期　五味子果实如采收过早，加工成的干品色泽差、质地硬、有效成分含量低，将会大大降低其商品性；采收过晚，因果实易落粒，不耐挤压，也将造成经济损失。一般8月末至9月上、中旬五味子果实变软而富有弹性，外观呈红色或紫红色，已达到生理成熟，应适时采收。

2. 采收方法　选择晴天采收，在上午露水消失后进行。采收时，尽量少伤叶片和枝条，暂时不能运出的，要放阴凉处贮藏。采收过程中应尽量排除非药用部分及异物，特别是要防止杂草及有毒物质的混入，剔除破损、腐烂变质的部分。

（二）五味子的初加工

五味子的成熟果实采后水分多，易霉烂变质而影响其有效成分的稳定性，从而降低五味子自身质量及其产品质量。所以五味子初加工是进行五味子贮藏的基本方法。初加工就是将五味子鲜果经自然干制和人工干制成易于保存的干果的过程。

1. 自然干制

（1）阴干　是将五味子放在干燥、阴凉、通风处摊开，使其厚度不能超过3cm，而且要经常翻动，切忌堆放在屋内以及潮湿的地方，以防五味子发霉，该方法加工的五味子具有有效成分损失少、

色泽好、成本低的优点，但存在耗时长、易霉变的弊端。

（2）**晒干**　是将五味子放在日光下晒干的加工方法，加工中厚度不可超过5cm，并且应经常翻动，使其晾晒均匀，晾晒中可经夜露，干后油性大，质量好。晾晒过程中绝对不可曝晒，否则会导致干品五味子色泽黑暗、质量差。

2. 人工干制

（1）**烘灶（火炕）干制**　由两道高1m、长3m的单层砖墙构成，两墙之间相距2m，墙中间为高80cm的火炕，在墙上架设木椽5～6根，上铺竹帘，将果实平铺在竹帘上，厚度要求在20～30cm，炕底生木炭火，使炕面温度维持在50℃左右。此法适宜于条件相对落后，无现代化烘干设备的干制过程，但干燥时间长，生产能力差。

（2）**烘房干制**　一般要求房间主体结构长6m、宽4m、高4m为宜，且有升温设备、通风排湿设备和装载设备，门窗需要安装玻璃，干燥速度较快。

升温设备：采用电加热升温法，烘房初期为低温（55～60℃），中期为高温（70～75℃），后期为低温（50℃左右）。

通风排湿：一般烘房内相对湿度达70%左右时就应打开进气窗和排气筒进行通风排湿，每次时间约10～15min，每批干制约需6次通风排湿。

倒换烘盘：在烘制过程中，上下烘盘需进行倒换，以确保原料受热均匀。

（三）五味子干制品的包装和贮藏

1. 包装　加工好的五味子干品，剔除瘪粒、霉粒和杂质后可进行包装。外包装可选用新的塑料编织袋或纸箱，内包装为无毒塑料袋。将五味子干品先装入无毒塑料袋内封严，然后装入新的塑料编织袋内或纸箱内封口、打包。外包装上可印制标签，或在醒目处贴标签（挂卡），标明品名、产地、等级、数量、毛重、净重、质量验收人、日期等内容。

2. 贮藏 药材生产厂家应有与生产规模相适应的贮藏库。贮藏库最好有空调及除尘设备，地面为混凝土或可冲洗的地面，具有防潮、防尘、防虫、防霉、防鼠、防火、防污染等设施。产品入库48h前，应完成室内除尘、地面冲洗、二氧化硫熏蒸消毒等工作。包装好的产品应存放在货架上，与墙壁、地面保持 60～70cm 的距离，定期抽查，防止虫蛀、霉变、腐烂等现象。干制品的含水量一般在 10%～15%，最好保存在 5℃左右的凉爽房间内，空气相对湿度 65%以下，贮藏室内应避免阳光照射和减少空气供给。

（四）五味子干制品的运输

药材批量运输时，要用洁净的车辆，不要与其他有毒有害物混装；运载容器应具有较好的通气性，严格防潮。

二、五味子果实深加工

（一）五味子饮料加工

1. 五味子固体饮料（果茶）的制备

（1）工艺流程 五味子新鲜果实（干果）→去梗→清洗→烘干
辅料↘
→超微粉碎→混合→制粒→检验→包装→检验→成品。

（2）技术要点

①原料处理：9月上旬，选取成熟度好无腐烂的新鲜五味子果实或优质五味子干果进行除梗、清洗、烘干，然后用超微粉碎机粉碎成 300～400 目微粉备用。

②混合调配：首先用柠檬酸、蔗糖等辅料调配来改善口感，用糊精作填充剂成型制粒，小量用 60 目筛制粒，大量的用颗粒剂机制粒。放入烘干室内进行烘干处理。

③检验、包装：将制成的颗粒在包装前进行产品质量检验，主要包括外观、理化和微生物学检验，合格后方可进行包装。包装采用真空软包装，然后进行真空度检验，合格即为成品。

（3）产品质量标准指标

①感官指标：外观形态疏松、颗粒均匀、无结块，具有五味子特有的香气，无肉眼可见的杂质，颜色为淡红色。

②理化指标：水分≤0.6%，灰分≤0.3%，颗粒度≥90%，铅≤0.5mg/kg，砷≤0.5mg/kg，铜≤5.0mg/kg。

③卫生指标：细菌总数≤1 000 个/g，每 100g 大肠菌群≤30个/100g，致病菌不得检出。

2. 五味子液体饮料制备

（1）工艺流程

辅料↘

①五味子新鲜果实→去梗→清洗→破碎→压榨→过滤→调配→过滤→脱气→罐装灭菌→检验→成品。

辅料↘

②五味子干果→挑选→去梗→清洗→破碎→提取→过滤→调配→过滤→脱气→灌装灭菌→检验→成品。

（2）技术要点

①原料处理：新鲜五味子果实和干品五味子果都需要进行去除果梗、清洗和破碎处理，新鲜果实含汁量较高，可直接榨取汁液；五味子干果由于水分含量较低，不宜于压榨取汁，用水煮提取法分3 次提取，第一次加水量为干果重的 10 倍，提取时间为 2h；第二、三次加水量为果重的 4～6 倍，提取时间分别为 2h。将所得汁液先用纱布粗滤备用。

②调配：将柠檬酸、蔗糖等辅料溶解后加入备用汁液中。

配方：生产五味子饮料 100kg，需用五味子汁 30kg、柠檬酸0.49kg、蔗糖（白砂糖）11.3kg。

③过滤、脱气：采用硅藻土过滤器进行过滤，由于原料中自身含有氧气，同时加工过程中与空气接触，除去饮料中的氧可减少色素、维生素 C 和香气成分的氧化降解，脱气压力为90.7～93.3kPa。

④灌装灭菌：采用巴氏瞬时灭菌法，迅速将饮料温度升至105℃，时间 30s，然后迅速冷却至 70～80℃趁热灌装，放置 10～

15min 后冷却至 35℃即可。

（3）产品质量标准

①感官标准：颜色呈石榴红色，澄清透明无沉淀；具有五味子特有的香气，后味绵长，典型性强。

②理化指标：总糖（以葡萄糖计，g/L）≥60，总酸（以酒石酸计，g/L）8～10；重金属含量：符合 GB/11671 规定，Cu≤100mg/kg，Pb≤1mg/kg，As≤0.5mg/kg。

③卫生指标：每 100ml 细菌总数≤100 个，每 100ml 大肠菌群≤2 个，致病菌不得检出。

（二）五味子果酒的加工

五味子原酒制备包括 3 种工艺：新鲜果实发酵、干品果实发酵、干品果实酒精提取。

1. 新鲜果实发酵制备原酒

（1）工艺流程　五味子新鲜果实→破碎除梗→加糖水→加酵母菌→浸渍发酵→分离→补糖→后发酵→陈酿→原酒。

（2）技术要点

①原料处理：9 月上旬选取成熟度好无腐烂的新鲜五味子果实进行破碎除梗，若果实成熟度特别好，梗较少，也可不除去。

②糖水稀释：五味子糖低酸高，pH 较低，不宜于酵母菌生长，因此通过加入与原果重相同、浓度 10%糖水，使汁液稀释，pH 升高，有利于酵母菌发酵。

③浸渍发酵：处理好的果浆加入 5%培养好的酵母液进行酒精发酵，发酵期间每天压"帽"3 次（上下倒罐，防止发酵不匀），并早晚各测一次温度、糖度，以便使发酵正常进行。

④分离：浸渍发酵 5～7d 后，采用自流法进行分离，自流汁测其酒度和糖度，补糖进行后发酵，皮渣加糖进行二次发酵。

⑤后发酵：按最终酒度 12%（V/V）计算补糖量，计算公式：补糖量＝［（最终酒度－自流汁酒度）×17.5－自流汁含糖量］×自流汁体积。用自流汁将糖溶解后加入并搅拌均匀，进行后发酵。

后发酵期间发酵室内必须严格保持卫生清洁，盖好发酵罐盖至发酵结束，进行倒汁封罐、陈酿。

2. 干品果实发酵制备原酒

（1）工艺流程　干品五味子果实→挑选→清洗→浸泡→破碎→调整糖度→加酵母菌→浸渍发酵→分离→补糖→后发酵→陈酿→原酒。

（2）技术要点

①原料处理：选取成熟度一致、颜色深红的果实，洗净，加入40～50℃热水浸泡24h，加水量为果实重量的3倍，然后进行破碎。

②浸渍发酵：果实浸渍后加入原果重2倍、浓度为15%的糖水，接入1%的酵母培养液，搅拌均匀进行酒精发酵，酵母培养液可用冷冻的五味子汁制备，干果内容物较难溶出，因此浸渍发酵时间7～10d。分离、后发酵、陈酿期管理同鲜果发酵。

3. 干品果实酒精提取

（1）工艺流程　干品果实→挑选→清洗→破碎→酒精提取→分离→调节酒度→陈酿→原酒。

（2）技术要点

①酒精提取：用浓度为20%～25%（V/V）食用酒精在提取罐中提取。第一次加入量为五味子干品重的3倍，进行回流提取2h；第二次加入量为干品重的2倍，进行回流提取1h，分离两次提取液合并。

②酒度调节：将两次提取液合并后调节酒度，使其酒度13%（V/V），陈酿期间管理同鲜品。

4. 不同原料工艺比较　新鲜果实发酵原酒残糖低、挥发酸生成少；晒干果实发酵的原酒酒精发酵不彻底，残糖高，挥发酸生成较鲜果多；晒干果实经酒精浸渍的原酒未经酒精发酵，残糖较高，在陈酿过程中若酒度较低易感染杂菌，挥发酸含量会更高。由此可见，新鲜果实发酵原酒质量最好，晒干果实酒精浸提原酒质量最差。从酿酒工艺讲，新鲜果实发酵原酒最科学合理，但五味子多产于山区，产量低，不能集中采收，又距离厂区较远，五味子属于浆果，放置时间较长易腐烂变质，在此情况下，应采取就地晒干、干果发酵法。

5. 五味子酒的配制　由于五味子酒较适合中老年人和妇女饮用，所以最好配制不超过 5%的低度酒，调配时尽量降低含糖量，可用优质蛋白糖或蜂蜜代替部分蔗糖，蜂蜜同时可起到调节风味、改善口感的作用，酸度用柠檬酸或苹果酸调配。

6. 理化指标

酒精度［% （V/V） 20℃］：5±1

总糖（以葡萄糖计，g/L）：≥55

总酸（以酒石酸计，g/L）：7.0～8.5

挥发酸（以醋酸计，g/L）：≤0.8

卫生指标：符合 GB2758—81 标准规定

（三）五味子果醋的加工

水果中含有丰富的糖质资源，是酿醋用的上等原料，与粮食醋相比，果醋的营养成分更为丰富，其富含醋酸、琥珀酸、苹果酸、柠檬酸、多种氨基酸、维生素及生物活性物质，且口感醇厚、风味浓郁、新鲜爽口、功效独特，能起到软化血管、降低血脂作用。果醋呈酸性，经人体吸收代谢后便成碱性食品。果醋具有以下保健功效：

①果醋中的挥发性物质及氨基酸等具有刺激大脑神经中枢的作用，具有开发智力的功效。医学研究发现，人脑的酸碱性与智商有关，大脑呈碱性的孩子较呈酸性孩子智商高，而体液的酸碱性可通过饮食来调节。

②果醋可提高肝脏的解毒机能，调节体内代谢，提高人体的免疫力，具有很强的防癌、抗癌作用。

③果醋中的酸性物质可使消化液分泌增多，从而起到健胃消食、增进食欲、生津止渴之功效。饮酒前后饮用果醋，可使酒精在体内分解代谢速度加快，因此果醋极具解酒功效。

④果醋在美容护肤方面有独到之处，对血液循环系统有调节之功效。它的微酸性对皮肤有柔和的刺激作用，可以平衡皮肤的pH，亦可控制油脂分泌。

⑤果醋不仅使碳水化合物与蛋白质等在体内新陈代谢顺利进行，还可以使人体内过多的脂肪燃烧，防止堆积。长期饮用具有减肥疗效，抑制和降低人体衰老过程中过氧化脂质的形成，延缓衰老。软化血管、降血压、养颜、调节体液酸碱平衡、促进体内糖代谢、分解肌肉中的乳酸和丙酮酸而清除疲劳。

五味子果醋加工包括3种加工工艺：全固态发酵法、全液态发酵法和前液后固发酵法。

1. 五味子果醋全固态发酵

（1）工艺流程　五味子果粒→剔除腐烂颗粒→去梗→清洗→破碎→加少量稻壳、酵母菌→固态酒精发酵→加麸皮、稻壳、醋酸菌→固态醋酸发酵→淋醋→灭菌→陈酿→成品。

（2）技术要点　选择成熟度好的新鲜果实用清水洗净，破碎后称重，按原料重量的3%加入麸皮和5%的醋曲，搅拌均匀后堆成1～1.5m高的圆堆或长方形堆，插入温度计，上面用塑料薄膜覆盖。每天倒料1～2次，检查品温3次，将温度控制在35℃左右。10d后原料发出醋香，生面味消失，品温下降，发酵停止。完成发酵的原料称为醋坯。将醋坯和等量的水倒入下面有孔的缸中（缸底的孔先用纱布塞住）泡4h后即可淋醋，这次淋出的醋称为头醋。头醋淋完以后，再加入凉水，淋二醋。一般将二醋倒入新加入的醋坯中，供淋头醋用。固体发酵法酿制的果醋经过1～2个月的陈酿即可装瓶。装瓶密封后需置于70℃左右的热水中杀菌10～15min。

2. 五味子果醋全液态发酵

（1）工艺流程　五味子果粒→剔除腐烂颗粒→去梗→清洗→破碎、榨汁（除去果渣）→粗果汁→接种酵母→液态酒精发酵→加醋酸菌→液态醋酸发酵→过滤→灭菌→陈酿→成品。

（2）技术要点　选择成熟度好的新鲜五味子果实用清水洗净。先用破碎机将洗净的五味子果破碎，再用螺旋榨汁机压榨取汁，在果汁中加入 3%～5% 的酵母液进行酒精发酵。发酵过程中每天搅拌 2～4 次，维持品温 30℃左右，经过 5～7d 发酵完成。注意品温不要低于 16℃，或高于 35℃。将上述发酵液的酒度调整为 7～8 度，盛于木制或搪瓷容器中，接种醋酸菌液 5% 左右。用纱布遮盖容器口，防止苍蝇、醋鳗等侵入。发酵液高度为容器高度的 1/2，液面浮以格子板，以防止菌膜下沉。在醋酸发酵期间控制品温 30～35℃，每天搅拌 1～2 次，10d 左右即醋化完成。取出大部分果醋，消毒后即可食用。留下醋坯及少量醋液，再补充果酒继续醋化。

3. 五味子果醋前液后固发酵

（1）工艺流程　五味子果粒→去梗→清洗→破碎→调整成分→酒精发酵→喷淋醋酸发酵→压榨→醋液→兑制→过滤→灭菌→灌装→成品。

（2）技术要点

①原料处理：选择成熟度好的新鲜五味子果实用清水洗净。用除梗机剔除果梗，果蔬破碎机破碎，破碎时籽粒不能被压破，汁液不能与铜、铁接触。

②成分调整：主要是用白砂糖调配，使含糖量至 15%。

③酒精发酵：先把干酵母按 8% 的量添加到灭菌的 500ml 三角瓶中进行活化，加五味子汁 100g，温度 32～34℃，时间为 4h；活化完毕后按果汁 5% 的量加入广口瓶中进行扩大培养，时间 8h，温度 30～32℃；扩大培养后按 10% 的量加入到 50L 酒母罐中进行培养，温度 30～32℃，经 12h 培养完毕。将培养好的酒母添加到发酵罐中进行发酵，温度保持在 28～30℃，经过 4～7d 后皮渣下沉，醪汁含糖≤4g/L 时酒精发酵结束。

④醋酸发酵：将醋酸菌接种于由 1% 的酵母膏、4% 的无水乙醇、0.1% 冰醋酸组成的液体培养基，盛于 500ml 的三角瓶中，装液量为 100ml，培养时间为 36h，温度 30～34℃，然后按 10% 的量加入扩大液体培养基中（培养基由酒精发酵好的果醪组成），再按 10% 的量加入到酵母罐中进行培养。酵母成熟后，把其按发酵醪总体积的 10% 的量加入进行醋酸发酵。发酵罐应设有假底，其上先

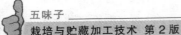
要铺酒醅体积5%的稻壳和1%的麸皮,当酒醅加入后皮渣与留在酒醅上的稻壳和麸皮混合在一起,酒液通过假底流入盛醋桶,然后通过饮料泵由喷淋管浇下,每隔5h喷淋半小时,5～7d后检查酸度不再升高,停止喷淋。

⑤兑制:对产品进行检验,调整酸度,保证纯正的果醋风味,先用不锈钢网过滤,然后将果醋加热到75～80℃保持15min。

4. 五味子果醋质量要求　色泽呈石榴红色,具有五味子特有香气,酸味柔和、味甜,无异味,无悬浮物等杂质,无白醭,清凉透明。

(四)五味子果酱加工

1. 工艺流程　原料→挑选→清洗→除籽→打浆→煮制→装罐→密封→杀菌→检验→成品。

2. 技术要点

(1) 原料处理　挑选成熟度好的新鲜五味子果实,用清水洗净后取出种粒,用打浆机打浆备用。

(2) 煮制、装罐　在不锈钢双层锅中煮制,加糖量按每100kg果浆加入75%糖液130kg,分两次加入,先将一半糖液加入夹层锅中煮沸后加入果浆,煮沸半小时后加入另一半糖液,继续加热浓缩至果酱黏稠、有光泽,此时可溶性固形物含量达65%即可出锅趁热装罐。

(3) 密封、杀菌　采用真空封罐机密封,真空度$2×10^4$Pa;放在70℃水中升温5min,100℃杀菌15min,然后进行分段冷却。

(五)五味子果冻加工

1. 工艺流程　原料→挑选→清洗→打浆去籽→煮制→过滤→调配→浓缩→装罐→密封→杀菌→冷却→检验→成品。

2. 技术要点

(1) 原料处理　选取成熟度好的新鲜五味子果实,去除杂质和霉变的部分后清洗干净,然后用破碎机破碎,同时除去种子;煮沸

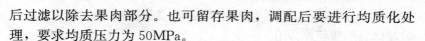

后过滤以除去果肉部分。也可留存果肉，调配后要进行均质化处理，要求均质压力为 50MPa。

（2）调配　果汁用量为 25％～30％，其余用水添加。在加糖浓缩之前，先测果汁的果胶含量，当果胶含量高于 1％～1.5％时，才能用于做果冻。测定方法是：取 15ml 果汁，加入 15ml 95％的食用酒精，在试管中混合摇动，此时若有大量絮状白色沉淀物出现，说明果胶含量在 1％以上，可以使用，若絮状物稀少，说明果胶含量少，此时果汁要添加凝固剂（琼脂或果胶粉）才能做果冻。本产品由于不能用全汁加工，所以需加入原料重的 1％～1.5％琼脂或果冻粉，汁液用柠檬酸或酒石酸调至 pH3.1～3.3 之间。将过滤的果汁称重后倒入夹层锅中，加热熬煮，浓缩至原料量的 3/5 左右时，开始加糖（加糖量为过滤所得原果汁重量的 50％），一般分 2～3 次加入。在果汁糖液中加入山梨酸甲防腐剂，用量为果汁量的 0.05％。在煮制过程中，要不断搅拌，以防煳锅，并随时除去浮在液面上的泡沫。

（3）浓缩终点与成品　浓缩终点可通过下面的方法确定：一是用温度计测沸点，当浓缩温度达 105～106℃时即可；二是测可溶性固形物含量，可溶性固形物达 65％左右即可；三是用搅拌板取样少许，先在空气中冷却十几秒钟，若将此板倾斜，样品滴下时凝结成块状，则说明浓缩已达终点。到达终点时应立即停止加热，并挑去表面胶膜，随即倒入平底浅盘中，厚度以 1.5～2cm 为宜，冷却后即成透明凝胶。切成小块用玻璃纸或糯米纸包装，或装罐，密封即成；或采用四旋瓶趁热灌瓶加盖，或用塑料杯包装再加盖密封，后在 100℃杀菌 10min，冷却后凝固而得成品。

（六）五味子果丹皮加工

1. 工艺流程　原料→挑选→清洗→打浆去籽→煮制→均质→调配→浓缩→摊皮烘烤→切片→干燥→包装→成品。

2. 技术要点

（1）原料处理　选用成熟度好的新鲜五味子果实，去除杂质和

霉变的部分后清洗干净，用破碎机破碎，同时除去种粒，用均质机或胶体磨均质处理备用。

（2）调配、浓缩　把五味子浆置于不锈钢锅内或夹层锅直接加热或蒸汽加热浓缩，最好使用真空浓缩或夹层锅蒸汽加热，首先蒸发部分水分，然后加入白砂糖，按原料量 50kg 加入白糖 25kg 或40kg，并加入 100g 增稠剂海藻酸钠，海藻酸钠要事先加水加温而成均匀的胶体，并按照原料所含的酸分多少，适当加入柠檬酸，使其总酸量达 0.5%～0.8%，然后加热浓缩呈浓厚酱体，其固形物达 55%～60%。

（3）摊皮烘烤　把五味子酱倒在一块 6 毫米深的钢化玻璃板内，板内事先铺上一层白布，即把酱体倒在白布上，厚度 2mm 左右，然后入烤房烘烤，在 60～70℃温度下烘至半干状态。

（4）趁热揭皮　从烤房取出后趁热把块状五味子酱揭起，如果冷却了就不容易离开布块。

（5）切片　用人工或机械切成方形或圆形饼状。

（6）干燥　把分切好的成品再送去烤房干燥，使含水量下降到5%为合格。

（七）五味子果糖加工

软糖是一种柔软和微存弹性的糖果，有透明的和半透明的。软糖的含水量较高，一般为 10%～20%。绝大多数软糖都制成水果味型。

1. 工艺流程　原料→挑选→清洗→打浆去籽→调配→加热浓缩→冷却→成型→干燥→包装→成品。

2. 技术要点

（1）原料处理　选用成熟度好的新鲜五味子果实，去除杂质和霉变的部分后清洗干净，用破碎机破碎，同时除去种粒，用均质机或胶体磨均质处理备用。

（2）调配　软糖最大特点是柔软半透明，需用凝胶剂凝结，加入淀粉糖浆使糖体透明不出现返沙现象，再加以控制适当水分就会使产品合格。凝胶体的使用视五味子汁液用量，目前采用的凝胶剂如海藻酸钠、明胶、果胶、卡拉胶等，但它们的使用方法各有不同，主要决定其性质结构不同。如使用明胶作为凝胶剂，一般用量较多，在5%～8%以上（原料重量计），明胶应事先加入30倍水浸泡逐渐溶解而成均匀胶体，如果在80℃以上高温就不易凝结，而且成品酸度也不能过大，否则也会影响其凝结。五味子汁液（果浆）用量最多只能用30%，水占20%，白砂糖占20%，淀粉糖浆占30%。用沸腾的清水将白糖和淀粉糖浆溶化并混合好。

（3）加热浓缩　果肉与糖浆共煮过程也是水分不断蒸发浓缩的过程，加热浓缩到浆体固形物将要达到70%左右时，应加入需要的柠檬酸0.3%～0.4%和0.05%防腐剂山梨酸钾。要注意这时酱体温度超过100℃不能立即加入明胶，要冷却到80℃以下才能加入明胶，并且要不断搅拌均匀。

（4）冷却　冷却的方法有两种：一是在铁板上铺一层淀粉，以防出锅后的糖坯粘在铁板上；另一种是在铁板上擦一些植物油作为润滑剂。

（5）干燥　在40～45℃以下干燥18～20h，使成品含水量达18%。

三、五味子根、茎、叶加工

五味子根、茎、叶的深加工是指利用五味子的根、茎和叶为原料，利用先进的仪器和设备，采用科学的方法和手段加工而成五味子制品的过程。

（一）五味子根、茎深加工

五味子的根和茎中含有丰富的木酯素、蛋白质及微量元素等成分，对人体具有较高的营养作用，其深加工可以利用五味子根、茎为原料，经乙醇提取、减压浓缩等工艺加工而成固体无醇饮料和低醇饮料，具体工艺如下：

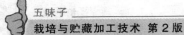

1. 工艺流程　五味子根、茎→挑选→清洗→切断→粉碎→

辅料→超微粉碎

↓

醇提→减压浓缩→稠浸膏→混匀→制粒→烘干→质检→真空包装→复检→成品。

2. 操作要点

（1）原料五味子根、茎的挑选　一般选择秋季新鲜的根、茎为原料，可保证原料质量和有效成分含量，剔除霉变和腐烂的部分。

（2）清洗　将挑选好的五味子根、茎放入清水中进行漂洗，以除去污泥和其他杂质，晾干备用。

（3）切断粉碎　将干燥的五味子根、茎用切刀切成 2～3cm 小段，然后用粉碎机粉碎成 80～100 目的细粉。

（4）醇提　将细粉用 80% 乙醇提取，用量为提取物五味子细粉的 20 倍，分 4h 和 2h 两次提取。

（5）减压浓缩　将提取液用旋转蒸发仪减压浓缩，水浴温度为40～50℃，转速为 60r/min，真空度控制在 0.075～0.085MPa，浓缩至稠浸膏备用。

（6）添加辅料　将大枣等药食兼用中药经干燥、超微粉碎后加入五味子根茎的稠浸膏中，再加入适量的白砂糖、糊精等填充剂，搅拌均匀。

（7）制粒　小量的直接用 60 目的筛子制成均匀的颗粒，大量的用颗粒机制粒。

（8）烘干　将上述制好的颗粒放入烘干室内烘干。

（9）质检　产品包装前要进行质量检验，通过后方可进行真空包装。真空度≤1.0kPa。

（10）复检　复检要求检测真空度。

（二）五味子叶的加工

1. 五味子叶茶的制备　五味子嫩叶每百克含水分79g，蛋白质3.9g，脂肪 0.3g，碳水化合物 13g，钙 363mg，磷 22mg，铁

6.6mg，胡萝卜素 5.08mg，维生素 B_1 0.07mg，维生素 B_2 0.2mg，尼克酸 1.5mg，维生素 C23mg，另外还含有与五味子果实相同的木脂素类成分，营养丰富，还具有一定保健作用。五味子叶中主要活性成分是槲皮素、山奈酚等黄酮类成分。在国外五味子叶多被制成各种营养食品用于运动员的营养保健或是用于预防心血管疾病。五味子叶作为一种营养保健价值很高的资源，目前还没有开发出携带方便，易于服用的产品。如果五味子叶制成茶叶将作为一种易被广大人民群众接受的饮品将具有广阔的市场前景。

（1）工艺流程　五味子嫩叶→挑选→速冻→摊放→杀青→揉捻→解块→干燥→摊凉→包装→检验→成品。

（2）技术要点　挑选五味子嫩叶，剔去五味子嫩叶（对夹 4、5 叶为主）老梗、红叶和杂物等。将挑选好的五味子叶放入冷库急冻间（18～20℃），速冻 0.5h，然后移入冷藏库房保存。将冷藏库取出的五味子冻叶在竹匾上自然摊放 5.5h，摊放厚度 2～2.5cm。采用 30 型滚筒杀青机，设置温度 250℃，滚两遍（每遍 1.5min），锅温 185～215℃，杀青后水分 46%。采用 30 型揉捻机，揉 24min（轻—重—轻：5min‑15min‑4min）。采用 901 型碧螺春烘干机，105℃烘 10min 后回潮 10min，再 85℃烘干 10min。将干燥后的五味子叶放在竹匾上自然摊放 10min。将摊凉后的五味子叶随机取出一部分质检，其他装入铝箔袋中封口保存。

2. 五味子叶速溶茶的制备　五味子嫩叶经冷冻干燥和超微粉碎技术可加工成速溶茶制品。

1. 工艺流程　五味子绿叶→挑选→清洗→沥干→真空冷冻干燥→超微粉碎→调配→制粒→烘干→检验→包装→复检→成品。

2. 技术要点　选取新鲜绿叶（春、夏、秋三季均可）原料进行清洗，沥干后放入冷冻干燥机中进行真空冷冻干燥，然后进行超微粉碎，要求细度在 300～400 目之间，加入糊精、蔗糖等辅料进行制粒，量小用 60 目筛制粒，量大则用制粒机制粒，其余操作同根茎固体饮料加工方法。

附　录

附录1　常用中药材生产可以使用的农药种类

农药名称	急性口服毒性	剂型	防治对象	每次每667m² 施用量和稀释倍数	施药方法	每季作物最多使用次数	末次施药距采收间隔
敌敌畏	中毒	50%乳油，80%乳油	蚜虫、鳞翅目害虫	150～250g，500～1000倍液	喷雾	5	不少于5d
乐果	中毒	40%乳油	蚜虫、鳞翅目害虫	1000～2000倍液	喷雾	6	不少于7d
马拉硫磷	低毒	50%乳油	蚜虫、鳞翅目害虫	1500～2500倍液	喷雾	1	不少于7d
辛硫磷	低毒	50%乳油	蚜虫、鳞翅目害虫	1500～2500倍液	喷雾	1	不少于5d
敌百虫	低毒	90%固体	地下害虫、鳞翅目害虫	500～1000倍液	毒土或喷雾	5	不少于7d
抗蚜威（辟蚜雾）	中毒	50%可湿性粉剂	蚜虫	10～20g	喷雾	2	不少于14d
氯氰菊酯	中毒	10%乳油	蚜虫、鳞翅目害虫	2000倍液	喷雾	4	不少于7d

（续）

农药名称	急性口服毒性	剂型	防治对象	每次每667m² 施用量和稀释倍数	施药方法	每季作物最多使用次数	末次施药距采收间隔
溴氰菊酯（速灭杀丁）	中毒	2.5%乳油	黏虫、蝼虫、食心虫	10～25ml	喷雾	2	不少于7d
氰戊菊酯	中毒	20%乳油	蚜虫、蝼虫、食心虫	20～40ml	喷雾	1	不少于10d
定虫隆（拟太保）	低毒	5%乳油	鳞翅目幼虫	1 000～2 000倍液	喷雾	3	不少于7d
除虫脲	低毒	25%悬浮液	鳞翅目幼虫	1 600～3 200倍液	喷雾	2	不少于30d
塞螨酮（尼索朗）	低毒	5%乳油，5%可湿性粉剂	螨	1 500～2 500倍液	喷雾	2	不少于30d
克螨特	低毒	73%乳油	螨	2 000～3 000倍液	喷雾	6	不少于21d
百菌清	低毒	75%可湿性粉剂	霜霉病	500～600倍液	喷雾	4	不少于3d
甲霜灵（瑞毒霉）	低毒	58%可湿性粉剂	霜霉病	500～800倍液	喷雾	3	不少于21d

（续）

农药名称	急性口服毒性	剂型	防治对象	每次每667m² 施用量和稀释倍数	施药方法	每季作物最多使用次数	末次施药距采收间隔
多菌灵	低毒	25%可湿性粉剂	根腐病、轮纹病	500～1 000倍液	喷雾	2	不少于5d
异菌脲（扑海因）	低毒	25%悬浮液，50%可湿性粉剂	菌核病	140～200ml，1 000～1 500倍液	喷雾	2	不少于50d
腐霉利（二甲菌核利）	低毒	50%可湿性粉剂	灰霉病、菌核病	40～50g	喷雾	3	不少于1d
三唑酮（粉锈宁）	低毒	15%可湿性粉剂	白粉病、锈病	500～1 000倍液	喷雾	2	不少于3d

附录2　中药材生产禁止使用的农药种类

种　类	农药名称	禁用原因
有机氯杀虫剂	滴滴涕、六六六、林丹、艾氏剂、狄氏剂	高残毒
有机磷杀虫剂	甲拌磷、乙拌磷、久效磷、对硫磷、甲基对硫磷、甲胺磷、甲基异硫磷、致螟磷、氧化乐果、磷胺、地虫硫磷、灭克磷、水胺硫磷、氯唑磷、硫线磷、杀扑磷、特丁硫磷、克线丹、苯腺磷、甲基硫环磷	剧毒、高毒
氨基甲酸酯杀虫剂	涕灭威、克百威、灭多威、丁硫克百威、丙硫克百威	剧毒、高毒或代谢物高毒

（续）

种　类	农药名称	禁用原因
二甲基甲脒类杀虫杀螨剂	杀虫脒	慢性毒性、致癌
卤代烷类熏蒸杀虫剂	二溴乙烷、环氧乙烷、二溴氯丙烷、溴甲烷	致癌、致畸、高毒
无机砷杀虫剂	砷酸钙、砷酸铅	高毒
阿维菌素		高毒
有机砷杀菌剂	甲基胂酸锌（稻脚青）、甲基胂酸钙（稻宁）、甲基胂酸铁铵（田安）、福美胂、福美甲胂	高残毒
有机汞杀菌剂	氯化乙基汞（西力生）、醋酸苯汞（赛力散）	剧毒、高毒
氟制剂	氟化钙、氟化钠、氟乙酸钠、氟铝酸胺、氟硅酸钠	剧毒、高毒、易产生药害
有机氯杀螨剂	三氯杀螨醇	我国产品中含滴滴涕
有机磷杀菌剂	稻瘟净、异稻瘟净	高毒
取代苯类杀菌剂	五氯硝基苯、稻瘟醇（五氯苯甲醇）	致癌、高残留

附录3　常用农家肥料养分含量、性质、施用方法一览表

肥料名称		水分（%）	有机质（%）	N（%）	P_2O_5（%）	K_2O（%）	CaO（%）	C/N	性质	施用法
猪	粪	82	15.0	0.56	0.4	0.44	0.09	—	速效	基肥，追肥
	尿	96	2.5	0.3	0.12	0.95	—	—	速效	基肥，追肥
牛	粪	83	14.5	0.32	0.25	0.15	0.34	—	速效	基肥，追肥
	尿	94	3.0	0.50	0.03	0.65	0.01	—	速效	基肥，追肥
马	粪	76	20	0.55	0.30	0.24	0.15	—	速效	基肥，追肥
	尿	90	6.5	1.2	0.01	1.50	0.45	—	速效	基肥，追肥
羊	粪	65	28.0	0.65	0.50	0.25	0.46	—	速效	基肥，追肥
	尿	87	7.20	1.40	0.03	2.10	0.16	—	速效	基肥，追肥

（续）

肥料名称	水分（%）	有机质（%）	N（%）	P_2O_5（%）	K_2O（%）	CaO（%）	C/N	性质	施用法
人 粪	≥70	≥20	1.0	0.50	0.37	—	—	速效	基肥，追肥
尿	≥90	3±	0.5	0.13	0.19	—	—	—	基肥，追肥
草木灰	—	—	—	2～3	10	—	—	速效，碱性	基肥，追肥
炉灰	—	—	—	0.29	0.2	—	—	速效，碱性	基肥
松木灰	—	—	—	12.44	3.41	25.18	—	速效	基肥
灌木灰	—	—	—	5.92	3.14	25.09	—	速效	基肥
包米秸灰	—	—	—	8.09	2.36	10.72	—	速效	基肥
稻草灰	—	—	—	8.09	0.59	1.92	—	迟效	基肥
大豆饼	—	—	7.0	1.32	2.13	—	—	迟效	发酵后作基肥，追肥
棉籽饼	—	—	3.14	1.68	0.97	—	—	迟效	基肥
菜籽饼	—	—	4.6	2.48	1.40	—	—	迟效	基肥
厩肥	—	—	0.5	0.25	0.6	—	—	迟效	发酵后作基肥，追肥
堆肥	—	—	0.28	0.32	0.75	—	—	迟效，微碱性	基肥
一般堆肥	60～75	15～25	0.4～0.5	0.18～0.26	0.45～0.7	—	16～20	迟效，微碱性	基肥
高温堆肥	—	24.1～41.8	1.05～2.0	0.30～0.82	0.47～2.53	—	9.67～10.67	迟效，微碱性	基肥

（续）

肥料名称	水分（%）	有机质（%）	N（%）	P₂O₅（%）	K₂O（%）	CaO（%）	C/N	性质	施用法
炕土	—	—	0.08～0.41	0.11～0.21	0.26～0.91		—	迟效，微碱性	基肥，追肥
塘泥	—	—	0.19～0.32	0.11	0.42～1.0		—	迟效，微碱性	基肥
骨粉	—	—	4～3	19～22	—		—	迟效，微碱性	基肥
绿肥	—	—	0.45	0.18	0.4			迟效，微碱性	基肥
新鲜野草	70.0	—	0.54	0.15	0.46			迟效，微碱性	基肥

附录 4　氮肥的主要品种、养分含量及使用方法

形态	名称	氮含量（%）	化学反应	物理性质	使用方法
铵态氮肥	硫酸铵	20～21	弱酸	吸湿性弱	可用作基肥或追肥，除硫酸铵外的所有铵态氮肥都不宜作种肥；施肥深盖土，并配合施有机肥
	氯化铵	24～25	弱酸	吸湿性弱	
	碳酸氢铵	17	弱酸	易潮湿挥发	
	氨水	16～17	碱性	具挥发性和腐蚀性	
硝态氮肥	硝酸铵	34～35	弱酸	易吸湿结块	适用基肥、追肥
酰胺态氮肥	尿素	42～46	中性	吸湿结块	适用于各类土壤和作物，可用作基肥或追肥，不宜作种肥

附录5　磷肥主要品种、养分含量及使用方法

名称	颜色	有效磷（%）	溶性	性质	使用方法
过磷酸钙	灰白色	12～18	水溶	酸性，含大量石膏	宜作基肥和种肥
重过磷酸钙	白色	45	水溶	酸性，不含石膏	适于酸性土，宜作基肥，与有机肥堆沤后施用效果更好
钙镁磷肥	灰绿色	14～18	枸溶	碱性，含大量钙、镁	
钢渣磷肥	灰黑色	8～14	枸溶	弱碱性，含钙、硅	
脱氟磷肥	灰白色	18～30	枸溶	碱性，不含氟	
沉淀磷肥	白色	27～40	枸溶	碱性，含钙	

附录6　钾肥的主要品种、养分含量及使用方法

名称	颜色	有效钾（%）	溶性	性质	使用方法
氯化钾	白色或红色结晶	60	水溶	酸性	有吸湿性、速效性，除盐碱土外，一般土壤都可施用
硫酸钾	白色或淡黄色结晶	48～52	水溶	酸性	

附录7　常用肥料混合使用表

肥料名称	人粪尿	厩肥	硫酸铵	尿素	氯化铵	碳酸氢铵	硝酸铵	氨水	钙镁磷肥	过磷酸钙	磷矿粉	骨粉	草木灰	氯化钙	硫酸钾
人粪尿	+	+	○	—	○	—	○	○	○	+	+	+	—	○	○
厩肥	+	+	○	○	○	—	○	+	+	+	+	+	—	○	○
硫酸铵	○	○	+	○	○	○	—	○	+	○	○	○	—	+	+
尿素	—	○	○	+	○	○	○	—	○	○	○	○	○	○	+
氯化铵	○	○	○	○	+	○	—	○	○	○	○	○	○	+	+
碳酸氢铵	—	—	○	○	○	+	○	○	○	○	○	○	○	○	○
硝酸铵	○	○	○	○	○	○	+	○	○	○	○	○	○	○	○
氨水	○	+	—	—	○	○	○	+	○	—	○	○	+	—	—
钙镁磷肥	○	+	○	○	○	○	○	○	+	—	○	○	○	○	○
过磷酸钙	+	+	+	○	○	○	○	○	—	+	○	○	○	○	○

（续）

肥料名称	人粪尿	厩肥	硫酸铵	尿素	氯化铵	碳酸氢铵	硝酸铵	氨水	钙镁磷肥	过磷酸钙	磷矿粉	骨粉	草木灰	氯化钙	硫酸钾
磷矿粉	+	+	○	○	○	○	○	○	○	○	+	○	－	+	+
骨粉	+	+	○	○	○	○	○	○	○	○	○	+	○	+	+
草木灰	－	－	－	○	－	－	○	○	○	－	－	○	+	○	○
氯化钙	○	○	○	○	○	○	○	○	○	○	+	+	○	○	+
硫酸钾	○	○	+	+	○	○	○	○	○	○	+	+	○	+	+

注："+"表示可以混合；"○"表示混合后要立即使用，"－"表示不能混合。

附录 8　石硫合剂及波尔多液的配制及注意事项

1. 石硫合剂的配制

①配制比例：块石灰、硫磺粉、水按 1∶2∶14 的比例配制。

②熬制方法：先根据锅的大小，按比例把水下锅烧热。取锅内少量热水，在外边把硫磺粉调成糊状。等水快开时，先下块石灰，石灰全部化解后，再慢慢加入硫磺乳，边倒边搅，大火保持全锅沸腾。为防熬煮时溢锅，可在锅内放块石头或砖头，并不断搅拌。从开锅时计算时间，熬 45～60min，药液成红褐色，保持 1kg 硫磺粉出 5kg 石硫合剂母液即可冷却后过滤，用波美比重计测出母液的浓度，放在密闭的容器中或在液面上加一层煤油防氧化变质，贮存备用。喷时根据所需浓度加水稀释。

注意事项：石硫合剂有效成分是多硫化钙，为碱性，遇酸易分解，不宜与其他乳剂农药混用，禁忌与容易分解的有机合成药混用。

2. 波尔多液的配制

波尔多液是由硫酸铜、生石灰和水配制而成。其配制比例有 4 种形式：①石灰等量式，硫酸铜 1 份，生石灰 1 份，水 200 份；②石灰倍量式，硫酸铜 1 份，生石灰 2 份，水 200 份；③石灰多量式，硫酸铜 1 份，生石灰 3 份，水 180～200 份；④石灰少量式，硫酸铜 1 份，生石灰 0.5 份，水 200～240 份。具体配制有两种方法：一是两液法。将硫酸铜和生石灰分别溶解在 1/2 的水中，然后将两液同时缓慢倒入第三容器中，边倒边搅即成，这种方法的缺点是需要 3 个容器，操作较费事；另一种方法为稀铜浓石灰法，即将硫酸铜溶入多量水中，配成稀硫酸铜液，把生石灰溶于少量水中，配成浓石灰乳，然后将稀硫酸铜液缓慢倒入浓石灰乳中，边倒边搅而成。但一定不能将石灰乳向硫酸铜溶液中倒，否则会产生沉淀，破坏波尔多液的胶体结构。配制好的波尔多液应为天蓝色的悬胶体，成弱碱性，没有粗大的颗粒或絮状沉淀，新配的波尔多液较稳定，但静置一段时间便发生沉淀。24～48h 以后，波尔多液即形成结晶而变质，因此，只能随配随用，不宜久放，更不能过夜。

使用时应注意的问题：

①不能与石硫合剂混合使用，否则会产生黑色的硫化铜，破坏了波尔多液和石硫合剂，而这种硫化铜又能继续溶解，产生过量的可溶性铜，使果树很容易发生药害。所以，这两种农药绝对不能混合使用，并且在喷洒过波尔多液的果树上，一般要隔 20～30d 才能再施用石硫合剂。

②不能与一些酸性物质混合，特别是一些与碱易分解的有机磷农药。

③对波尔多液敏感的树种、品种，尽可能不用波尔多液或根据这种树种、品种的特性，增大或减少波尔多液中的某一成分。如在葡萄上多用半量式、等量式。因为葡萄不抗石灰，叶子易变脆，而葡萄耐硫酸铜；苹果、梨大多用石灰倍量式或多量式。石灰少，喷后见效快，但药效期短。石灰多少要根据品种、天气决定。

④为了增加药效可加些展着剂。

⑤喷药时最好选择天气晴朗、风小时进行。

⑥由于波尔多液在微碱性条件下才发生作用，若天气不好（雨天、雾天），酸性提高，释放大量的游离铜离子，叶片烧伤，但可多加些石灰，并加入展着剂。

⑦要随配随用，不能久置，以防沉淀。

主　要　参　考　文　献

艾军，李爱民，王玉兰 . 1999. 北五味子地上部分生长动态观测［J］. 特产研究（2）：26 - 28.

艾军，李爱民，王玉兰，等 . 2000. 北五味子黑斑病病原菌鉴定［J］. 特产研究（3）：42 - 43.

艾军，李爱民，王玉兰，等 . 2000. 家植北五味子根系及横走茎状况调查［J］. 特产研究（1）：38 - 58.

艾军，王英平，李昌禹，等 . 2006. 五味子花芽分化过程中三种内源激素的消长［J］. 中国牛药杂志（1）. 24 - 26.

艾军，王英平，李昌禹，等 . 2007. 五味子的花粉形态及授粉特性研究［J］. 吉林农业大学学报，29（3）：293 - 297.

艾军，王英平，王志清，等 . 2007. 五味子种质资源雌花心皮数及相关性状研究［J］. 中草药，38（3）：436 - 439.

艾军 . 2002. 家植北五味子的病虫害发生及防治［J］. 农村科学实验（10）：22.

艾军 . 2002. 亦果亦药五味子［J］. 果树实用技术与信息（5）：15 - 16.

艾军 . 2003. 家植五味子的架面管理技术［J］. 中国农村科技（4）：11 - 12.

陈启 . 2006. 中药材禁用农药［J］. 农村百事通（4）：34.

董永廉，王红波，姜跃忠 . 1995. 北五味子走茎繁殖技术［J］. 中国林副特产（4）：24 - 25.

傅俊范，赵奇 . 2008. 北方药用植物病虫害防治［M］. 沈阳：沈阳出版社 .

傅俊范 . 2007. 五味子病害防治②五味子茎基腐病［J］. 新农业（6）：46.

傅俊范 . 2007. 五味子病害防治③五味子日灼病［J］. 新农业（7）：46.

傅俊范 . 2007. 药用植物病理学［M］. 北京：中国农业出版社 .

郭靖，黄朝晖 . 2006. 无公害桔梗、百合标准化生产［M］. 北京：中国农业出版社 .

韩联生，纪萍 . 1997. 北五味子资源研究与开发［J］. 中国林副特产（3）：37 - 39.

何洪中，等.1998.五味子繁殖实验［J］.中药材（7）：330－332.

李爱民，艾军.2001.北五味子规范化栽培与加工技术［M］.北京：中国劳动社会保障出版社.

李强.1999.北五味子的低温伤害和防御［J］.中国林副特产（2）：33－34.

林天行，等.2007.五味子叉丝壳菌危害风险性分析［J］.安徽农业科学（8）：2313－1314.

刘博，等.2008.辽宁五味子种子带菌检测及药剂消毒处理研究［J］.植物保护（6）：95－98.

刘博，等.2008.五味子苗枯原因分析及防治措施［J］.中国植保导刊（5）：37－39.

刘博，等.2008.五味子叶枯病病原鉴定［J］.植物病理学报（4）：425－428.

刘博，等.2009.17种杀菌剂对五味子叶枯病的室内毒力测定［J］.湖北农业科学（5）：1155－1156.

刘志勤，杨春艳.2006.五味子人工栽植研究［J］.中国农技推广（6）：35－36.

罗小玲.1996.除草剂2，4－D丁酯的特性及方法［J］.石河子科技（6）：41－43.

王玉兰，李爱民，艾军，等.2000.女贞细卷蛾发生与防治的初步研究［J］.特产研究（1）：32－46.

吴加志.2005.五味子及其栽培技术［J］.农产品加工（6）：95－99.

许彪，李英.2007.五味子的一种危险性害虫—康氏粉蚧［J］.辽宁农业科学（6）：53.

薛彩云，等.2007.五味子茎基腐病发生初报［J］.植物保护（4）：96－99.

薛彩云，等.2007.五味子种苗带菌初步检测［J］.安徽农业科学（16）：4721－4722.

张绿洲.2006.五味子田化学除草技术［J］.新农业（7）：41.

周鑫.2001.五味子的组织培养［J］.中国林副特产（4）：1－7.

朱俊义，刘雪莲，刘立娟，等.2006.诱导北五味子腋芽丛生分化培养基的筛选［J］.植物生理学通讯（3）：580.

图书在版编目（CIP）数据

五味子栽培与贮藏加工技术／艾军主编．—2版
．—北京：中国农业出版社，2014.6
　（最受欢迎的种植业精品图书）
　ISBN 978-7-109-19132-7

Ⅰ.①五…　Ⅱ.①艾…　Ⅲ.①五味子-栽培技术②五
味子-贮藏③五味子-中草药加工　Ⅳ.①S567.1

中国版本图书馆 CIP 数据核字（2014）第 085438 号

中国农业出版社出版
（北京市朝阳区农展馆北路 2 号）
（邮政编码 100125）
责任编辑　贺志清

中国农业出版社印刷厂印刷　新华书店北京发行所发行
2014 年 7 月第 2 版　2014 年 7 月第 2 版北京第 1 次印刷

开本：880mm×1230mm　1/32　印张：3.25　插页：2
字数：82 千字　印数：1～6 000 册
定价：12.00 元
（凡本版图书出现印刷、装订错误，请向出版社发行部调换）